Für René, der mir
mein erstes Hochbeet gebaut hat und
immer an mich glaubt.

BuNte BEETE

Einfach gärtnern mit intensiver Bepflanzung in Hochbeet und Freiland

EMF

EIN BUCH DER
EDITION MICHAEL FISCHER

INHALT

VORWORT

Bevor du dieses Buch zu Ende gelesen hast, wird sich etwas verändern. Du wirst anfangen, dich als Gärtnerin oder Gärtner zu sehen – falls du das nicht schon längst tust. Vielleicht kommt dir das anfangs ungewohnt vor, aber nimm dir einen Moment und sag es ruhig laut: „Ich bin eine Gärtnerin/ein Gärtner." Denn genau das wirst du sein. Gärtnern wird nicht einfach nur ein Hobby für dich sein. Es wird zu einem Teil deines Lebens werden – etwas, das du mit deinen Freundinnen und Freunden, deiner Familie und deinen Nachbarinnen und Nachbarn teilst. Und das Beste daran? Du wirst es lieben.
Dein Garten, ob mit Freilandflächen oder Hochbeeten, wird zu einem Ort, an dem du nicht nur Pflanzen wachsen lässt, sondern auch dich selbst. Du wirst die Jahreszeiten bewusster erleben, die kleinen Veränderungen sehen, die sich Tag für Tag in deinem Garten abspielen. Was gestern noch unscheinbar war, wird plötzlich zu einem blühenden Wunder. Du wirst innehalten, tief durchatmen und diese Momente genießen. Denn genau darin liegt die Magie des Gärtnerns – im Entdecken, im Wachsen, im Staunen. Dein Garten wird zu deinem ganz persönlichen Raum werden. Er wird deine Handschrift tragen und deine Kreativität widerspiegeln. Es gibt kein Richtig oder Falsch. Du wirst experimentieren, Fehler machen und dabei lernen. Und am Ende wirst du feststellen, dass dein Garten dich nicht nur als Gärtnerin oder Gärtner verändert, sondern auch als Mensch.

Was mich betrifft: Das Gärtnern habe ich auf eine neue Weise entdeckt, als ich begann, Hochbeete intensiv zu bepflanzen und Freilandflächen anders zu betrachten. Es war nicht immer leicht, aber gerade das hat mich wachsen lassen. Mit jeder neuen Pflanze, mit jedem neuen Beet habe ich gelernt, dass es im Garten nicht um Perfektion geht. Es geht um Geduld, um Beobachtung und darum, Freude an jedem kleinen Schritt zu finden.

Und jetzt bist du dran. Lass uns zusammen deinen Traumgarten gestalten. Es spielt keine Rolle, ob du nur ein kleines Stück Land hast oder auf deinem Balkon gärtnerst – ich bin hier, um dich auf dieser Reise zu begleiten und dir mit meinen Erfahrungen zur Seite zu stehen.

Also, zieh die Handschuhe an, greif zur Schaufel, und lass uns loslegen. Dein bunter Garten wartet auf dich.

Deine Saskia

Zusätzlich zu diesem Buch gibt es online ein Workbook von mir für dich. Dieses Symbol im Buch zeigt dir an, dass es im Workbook dazu eine Extra-Seite gibt, mit der du weiterarbeiten kannst. Du findest es, indem du den QR-Code rechts scannst (führt auf die folgende Webseite: https://www.emf-verlag.de/buecher/garten/bunte-beete-einfach-gaertnern-mit-intensiver-bepflanzung-in-hochbeet-und-freiland/978-3-7459-2513-5) oder unter www.emf-verlag.de dieses Buch suchst und den Downloadbereich anklickst.

KAPITEL 1

ERSTE GEDANKEN

Bevor du damit startest, deinen eigenen Garten zu entwerfen und zu bauen, solltest du eine kleine Bestandsaufnahme machen. Du kannst natürlich einfach drauflossäen, aber wenn du Freude und Erfolg in deinem Garten haben möchtest, ist es wichtig, dir ein paar Gedanken zu machen. Dazu stelle ich dir Fragen, die dir dabei helfen sollen, einen Garten zu entwerfen, der zu DIR passt. Nach einer allgemeinen Bestandsaufnahme kommen wir zu den Fragen, **wer** sich um deinen Garten kümmert, **was** und **wie viel** du anbauen möchtest und **warum** ein Garten für dich so wichtig ist.

BESTANDSAUFNAHME

First things first und gleichzeitig die wichtigste Frage: Wo liegt mein Garten? Tatsächlich habe ich mir vor dem Bau meiner Hochbeete keine genauen Gedanken gemacht und mehr Glück als Verstand gehabt. Wenn du jedoch planst, einen Garten anzulegen, solltest du unbedingt einige Dinge hinterfragen.

WO LIEGT DEIN GARTEN?

Nimm dir die Zeit und beobachte deinen Garten einen Tag lang, an dem die Sonne etwas scheint. Wo entstehen Schatten? Stehen Bäume oder Sträucher in der Nähe, die viel Schatten werfen?

WELCHE KLIMATISCHEN VERHÄLTNISSE HERRSCHEN IN DEINEM GARTEN?

Ist es bei dir eher mild oder sehr frostig? Sind die Sommer frisch oder wahnsinnig heiß? Welche Wetterextreme, wie Starkregen, Stürme, später Frost, große Schneemassen, gibt es bei dir?

To-do: Suche dir doch mal die durchschnittliche Temperatur für jeden Monat heraus und schreibe sie auf. Dazu gibt es im Internet viele Übersichten. Lege dir eine Tabelle an – oder nutze die zugehörige Seite im Workbook – und schreibe einmal für jeden Monat die durchschnittliche Höchst- und Tiefsttemperatur auf. Dazu vermerkst du dann noch die durchschnittliche Regenmenge.

WIE SCHAUT DIE WASSERVERSORGUNG AUS?

Pflanzen brauchen Wasser! Manche mehr, andere weniger. Klar kannst du Wasser mit Gießkannen schleppen. Aber eventuell möchtest du irgendwann eine Bewässerung einbauen? Hast du die Möglichkeit Regenwasser aufzufangen?

WIE IST DIE BODENQUALITÄT?

Als Gärtnerin weiß ich: Die Bodenqualität ist der Schlüssel zu einem erfolgreichen Garten. Ein gesunder Boden ist locker, nährstoffreich und gut durchlüftet. Er speichert Wasser, leitet überschüssiges ab und versorgt Pflanzen optimal mit Nährstoffen. Die Bodenqualität kann einfach getestet werden: Mit einer Bodenprobe lässt sich der pH-Wert und der Gehalt an Nährstoffen wie Stickstoff, Phosphor und Kalium bestimmen.
Der pH-Wert des Bodens ist entscheidend, da er bestimmt, wie gut Pflanzen Nährstoffe aufnehmen können. Ein ausgewogener pH-Wert zwischen 6 und 7 ist ideal für die meisten Pflanzen. Ist der Boden zu sauer oder alkalisch, kann er mit Kalk oder Schwefel korrigiert werden. Die Qualität lässt sich durch Mulchen, Kompostieren und das Einbringen von organischer Substanz verbessern. Gründüngung und Fruchtfolge helfen ebenfalls, den Boden fruchtbar zu halten und Erosion zu verhindern. Regelmäßige Pflege sorgt dafür, dass der Boden langfristig gesund bleibt.

TIPP: MIT LAUB DAS BEET VERBESSERN

Um die Bodenqualität über den Winter zu verbessern, ist das Mulchen mit Herbstlaub eine einfache Möglichkeit. Statt die Blätter wegzuwerfen, kannst du sie direkt auf die Beete geben: Eine Schicht von 5 bis 10 Zentimetern schützt den Boden vor Frost und Erosion, während Mikroorganismen das Laub langsam zersetzen und wertvolle Nährstoffe freisetzen. So bleibt der Boden bis zum Frühjahr locker und lebendig. Wichtig: Achte darauf, nur gesundes Laub zu verwenden, am besten von Ahorn, Linde oder Obstbäumen. Eine dünne Schicht Kompost obendrauf verhindert das Wegfliegen bei Wind.

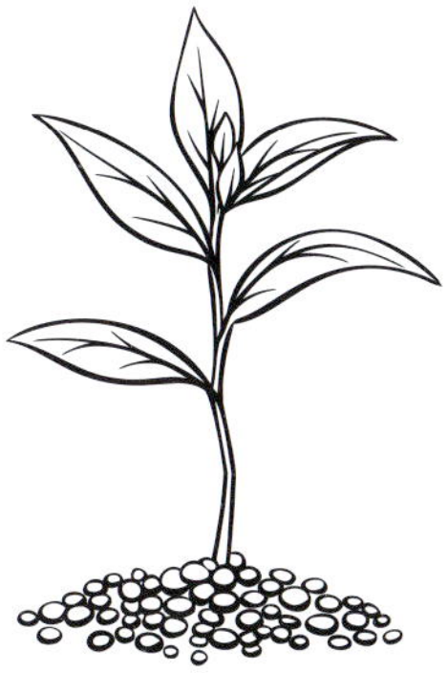

WER?

Wer kümmert sich um deinen Garten? Wer hilft dir, schwere Säcke voll Erde zu schleppen? Wer baut dein Hochbeet auf? Wer füllt es? Wer erntet? Wer gießt? Wer isst mit dir deine Ernte? Wer kümmert sich um deinen Garten, wenn du im Urlaub bist? Wenn dich andere Menschen beim Gärtnern unterstützen können, ist das viel wert.

UNTERSTÜTZUNG VON DER FAMILIE IM ALLTAG

Meine Eltern, mein Mann, meine Kinder und ich leben gemeinsam in einem Haus und teilen uns den Garten. Das Freiland und die Hochbeete bewirtschaftet jede Partei für sich. In meinem Garten habe ich das große Glück, auf die Unterstützung meiner Familie zählen zu können! Mein Mann, ein leidenschaftlicher Handwerker, hilft mir dabei, all meine Gartenträume zu verwirklichen. Er ist mein Fels in der Brandung, wenn es um meine Vorstellungen geht. Er baut nicht nur die Hochbeete und legt Wege an, sondern übernimmt auch das Tragen der schweren Säcke voll Erde und das Sieben vom Kompost. Sein handwerkliches Geschick und seine Ausdauer sind unverzichtbar für die Umsetzung unserer Gartenprojekte. Oft steht er stundenlang im Garten, um sicherzustellen, dass alles perfekt ist – vom Aufbau der Hochbeete bis hin zur Installation der Bewässerungssysteme. Dabei verliert er nur selten die Geduld und liebt mich trotzdem noch.

Mein Vater, ein erfahrener Gärtnermeister, steht mir mit Rat und Tat zur Seite. Seine Expertise ist unbezahlbar, und ich lerne ständig von ihm. Er hat so viel Erfahrung und immer einen wertvollen Tipp parat. Aufgaben, die ich manchmal im Alltag vergesse, übernimmt er, ohne darüber zu sprechen. Mittlerweile dürfen wir voneinander lernen.

Meine Mutter bringt nicht nur ihre Erfahrung in der Verarbeitung der Ernte ein, sondern unterstützt mich auch tatkräftig bei der Gartenarbeit und dem Aufpassen auf meine Kinder. Sei es mit wertvollen Tipps, beim Austausch von Erfahrungen, beim Jäten von Unkraut oder beim Gießen der Pflanzen – sie ist immer zur Stelle. Besonders schätze ich ihre Kenntnisse in der Konservierung von Obst und Gemüse. Sie zeigt mir, wie man Marmeladen einkocht, Gemüse einlegt und Obst einweckt, damit wir das ganze Jahr über von unserer Ernte profitieren können.

URLAUB MACHEN

Wenn es um die Urlaubsplanung geht, erfordert unser Garten ein wenig mehr Organisation. Da wir nicht alle gleichzeitig verreisen können, teilen wir uns die Verantwortung. Oft übernimmt ein Teil der Familie (meine Eltern oder wir) die Gartenpflege, während der andere Teil sich erholt. Diese Abwechslung sorgt dafür, dass unser Garten stets gepflegt ist und keine Pflanze vertrocknet oder Früchte ungenutzt verfallen.

GEMEINSAM GENIESSEN

Neben der praktischen Unterstützung ist die gemeinsame Arbeit im Garten für uns auch eine wertvolle Zeit des Zusammenseins. Wir genießen die gemeinsame Zeit, die sonst oft zu kurz kommt. Die Gespräche, die dabei entstehen, und die Freude, die wir teilen, wenn wir die Früchte unserer Arbeit sehen, sind unbezahlbar. Und wenn es dann ans Essen geht, schmecken die selbst angebauten Lebensmittel gleich doppelt so gut, weil wir wissen, dass sie mit viel Liebe und gemeinsamer Anstrengung gewachsen sind.

Zusammen sind wir ein unschlagbares Team. Jede helfende Hand trägt dazu bei, dass unser Garten nicht nur ein Ort der Arbeit, sondern auch ein Ort des Miteinanders und der Freude ist.

HINWEIS

Eine der wichtigsten Fragen ist: Wie viel Zeit pro Woche möchtest du in deinem Garten arbeiten? Schon mit durchschnittlich 1,5 Stunden wöchentlich kannst du einen kleinen Garten versorgen.

WAS?

Was möchtest du aus deinem Garten ernten und essen?
Es klingt komisch, aber ich habe im ersten Jahr viel zu viel und vor allem Dinge angebaut, die ich selber nicht essen mochte, nur weil sie auf dem Saatguttütchen nett aussahen.

ZUTATEN FÜR DIE LIEBLINGS-GERICHTE ANBAUEN

Wir lieben **Pizza und Pasta**. Also dürfen in unserem Garten Tomaten, Oregano, Basilikum, Knoblauch und Zwiebeln nicht fehlen.

Verschiedene **Salate** sind immer auf dem Tisch, deshalb sind auch Bohnen, Gurken, Erbsen und Salate in jeder Form im Beet erwünscht. Ein frischer Gartensalat schmeckt unfassbar gut, besonders wenn er mit selbst angebauten Zutaten zubereitet wird.

Auch Chili, Kohl, Kürbis und Minze sind ein Must-have. Chilis bringen die nötige Schärfe in unsere Gerichte und sind zudem einfach zu trocknen und zu lagern. Kohl ist vielseitig einsetzbar, sei es als **Sauerkraut oder frischer Kohlsalat.** Kürbisse eignen sich hervorragend für **Suppen** und Herbstdekorationen, während Minze nicht nur in der Küche, sondern auch für **erfrischende Sommergetränke** unverzichtbar ist.

To-do: Achte mal bewusst darauf, was in deinem Einkaufswagen landet. Was davon könntest du in deinem Garten anbauen? Schreib dir diese Dinge auf. Nutze dazu gerne dein digitales Workbook. Diese Liste ist der erste Schritt zu einem erfolgreichen Gartenjahr, in dem du genau das anbaust, was du auch wirklich verwenden möchtest. So vermeidest du Enttäuschungen und unnötige Arbeit.

→ Plane deinen Garten nach deinem Geschmack und deinen Bedürfnissen. Was du gerne isst und oft kaufst, sollte im Mittelpunkt deiner Anbaupläne stehen. So wird dein Garten nicht nur eine Augenweide, sondern auch ein Ort der kulinarischen Freude.

WIE VIEL? SO VERMEIDEST DU ÜBERMENGEN

Es passiert jedem Gärtner und jeder Gärtnerin mal: Man pflanzt voller Eifer und steht am Ende vor einer Ernte, die viel größer ausfällt, als man bewältigen kann. Niemand schafft es, 30 Salatköpfe gleichzeitig zu essen, und auch zu viele Zucchini oder Tomaten können schnell stressig werden. Um das zu vermeiden, helfen realistische Mengenplanungen und ein paar einfache Tricks.

WIE VIEL GEMÜSE PRO PERSON?

Hier ein Überblick, wie viele Pflanzen pro Person ausreichen:

- **Salat:** 5–10 Köpfe. Säe alle 2 Wochen gestaffelt, damit die Ernte nach und nach reift.
- **Tomaten:** 2–3 Pflanzen reichen für den durchschnittlichen Bedarf.
- **Gurken:** 2 Pflanzen sind ideal.
- **Zucchini:** 1–2 Pflanzen liefern meist schon reichlich Ernte.
- **Möhren:** 1–2 Reihen pro Person.
- **Kohlrabi:** 6–8 Pflanzen.
- **Bohnen:** 4–5 Meter Reihenlänge decken den Bedarf gut ab.

NOTIZEN MACHEN UND FLEXIBEL BLEIBEN

Führe ein Gartentagebuch oder mache dir Notizen in meinem digitalen Gartenplaner, um festzuhalten, wie viel du wirklich benötigst und verbrauchen kannst. Passe die Mengenplanung jährlich an deine Erfahrungen an. Denke daran: Falls etwas fehlt, kannst du immer noch im Gartenfachmarkt nachkaufen.

Mit einer realistischen Planung sparst du Zeit und Ressourcen und hast trotzdem eine Ernte, die Freude macht – ohne Überforderung.

TIPP: STAFFELUNG UND PLANUNG

Ein häufiger Fehler ist, alles auf einmal zu säen oder zu pflanzen. Das führt zu Übermengen in kurzer Zeit. Setze lieber auf Staffelungen: Säe z. B. Salat oder Möhren alle 2–3 Wochen neu, damit sich die Ernte über die Saison verteilt. Bei Pflanzen wie Zucchini reicht es, nur wenige Exemplare zu setzen, da sie über mehrere Wochen hinweg Früchte tragen. Auch später kann man Zucchini noch einmal neu vorziehen und ins Beet setzen.

WARUM?

Warum solltest du einen Garten anlegen und Gemüse anbauen? Es gibt aus meiner Sicht viele Gründe dafür, die ich dir hier vorstellen möchte.

DER GARTEN BIETET EINE OASE IM ALLTAG

Für mich ist mein Garten der perfekte Ausgleich. Ich entfliehe dem Alltag, tauche in einen grünen Dschungel ein und finde dort die Ruhe, die mir oft im täglichen Leben fehlt. Die Gartenarbeit mag manchmal anstrengend sein, doch genau diese Anstrengung ist es, die mich erdet. Während ich Unkraut zupfe, Beete umgrabe oder Pflanzen gieße, vergesse ich die Hektik des Alltags und konzentriere mich ganz auf das Hier und Jetzt. Diese physische Tätigkeit gibt mir ein unmittelbares Gefühl der Befriedigung und ein Erfolgserlebnis, das nur wenige andere Hobbys bieten können – und ich habe viele Hobbys ausprobiert.

DER GARTEN IST EIN ORT DES LERNENS

Das Gärtnern ist für mich auch eine Lernreise. Im Laufe der Zeit habe ich unglaublich viel über Pflanzen, Bodenbeschaffenheit und das Wetter gelernt. Diese praktischen Kenntnisse sind wertvoll und sofort umsetzbar. Ich weiß jetzt, wie man verschiedene Gemüsearten anbaut, wann der beste Zeitpunkt zur Ernte ist und wie man Pflanzen am besten pflegt. All diese Erfahrungen bereichern mein Leben und geben mir das Gefühl, mit der Natur in Einklang zu sein. Und eigentlich ist das alles gar nicht so schwer. Das zeige ich dir hier in meinem Buch.

DER GARTEN BIETET GENUSS UND GESUNDHEIT

Gärtnern ist eine wunderbare Möglichkeit, sich mit frischen, gesunden Lebensmitteln zu versorgen. Das Wissen, dass das Gemüse und Obst aus eigenem Anbau stammen und frei von Chemikalien ist, gibt ein gutes Gefühl und fördert eine gesunde Ernährung. Der direkte Zugang zu frischen Produkten macht nicht nur Spaß, sondern verbessert auch die Qualität unserer Mahlzeiten. Frische Erdbeeren direkt vom Strauch, knackige Salatblätter oder aromatische Kräuter – all das ist ein Genuss, den man im Supermarkt nicht findet. Wenn du einmal eine Tomate aus deinem eigenen Garten gegessen hast, wirst du nie wieder gekaufte Tomaten essen wollen, das kann ich dir versprechen. Dieses direkte Erleben von Nahrung gibt mir ein tiefes Verständnis dafür, woher unsere Lebensmittel kommen und wie viel Arbeit tatsächlich dahintersteckt.

DER GARTEN HAT POSITIVE AUSWIRKUNGEN AUF DIE PSYCHE

Auf viele Menschen hat das Gärtnern sogar eine therapeutische Wirkung. Studien und Erfahrungsberichte haben gezeigt, dass Gartenarbeit helfen kann, Depressionen zu lindern. Die körperliche Aktivität, das Sonnenlicht und die Verbindung zur Natur tragen dazu bei, das allgemeine Wohlbefinden zu steigern und den Geist zu beruhigen. Viele Therapieprogramme für Menschen mit Depressionen oder Angststörungen beinhalten deshalb Gartenarbeit. Die regelmäßige Pflege von Pflanzen und die Verantwortung, die man übernimmt, können das Selbstwertgefühl stärken und eine sinnvolle Struktur im Alltag bieten.

DURCH DEN GARTEN KANN MAN MAL ABSCHALTEN

Für mich persönlich ist der wichtigste Aspekt, dass mein Kopf beim Gärtnern ausschaltet. Während ich mich um meine Pflanzen kümmere, denke ich nicht über die Sorgen und Probleme der Welt nach. Zudem bietet die Gartenarbeit eine Möglichkeit, Stress abzubauen und sich ganz auf die Natur zu konzentrieren. Ich bin vollkommen im Moment und genieße jede Minute. Diese mentale Entlastung ist unbezahlbar und hilft mir, ausgeglichen und glücklich zu bleiben.

→ Ein Garten ist weit mehr als nur ein Stück Land. Er ist ein Ort der Erholung, des Lernens und der Freude. Er kann dein Leben bereichern, dein Wohlbefinden steigern und dir helfen, eine tiefere Verbindung zur Natur zu entwickeln. Egal, ob du einen Ausgleich zum stressigen Alltag suchst, deinen Kindern die Herkunft von Lebensmitteln zeigen möchtest oder dich selbst versorgen willst – ein Garten kann all das bieten und noch viel mehr.

KAPITEL 2

GARTENELEMENTE

In diesem Kapitel schauen wir uns gemeinsam die vier wichtigsten Gartenelemente an, die deinem Garten nicht nur Struktur, sondern auch Funktionalität und eine persönliche sowie einzigartige Note verleihen können. Egal, ob du bestehende Flächen weiterentwickeln möchtest oder von Grund auf neu planst – hier findest du Inspiration für dein grünes Paradies.

ELEMENTE UND WIE DU SIE IM GARTEN INTEGRIEREN KANNST

ELEMENT 1: BEETE

Beete sind das Herzstück eines jeden Gartens. Sie bieten dir die Möglichkeit, eigenes Gemüse, Obst und Kräuter anzubauen. Ob du dich für Hochbeete oder Freilandbeete entscheidest, hängt von deinen Bedürfnissen und deinem Gartenkonzept ab.

Falls du bereits Beete in deinem Garten hast, überprüfe ihren Zustand und überlege, wie du sie optimieren kannst. Möglicherweise ist der Boden müde oder das Beet benötigt eine neue Einfassung. Hier kannst du mit relativ einfachen Mitteln Abhilfe schaffen. Ergänze bestehende Beete durch das Einbringen von frischem Kompost oder organischem Material, um die Bodenqualität zu verbessern. Wenn du zusätzliche Beete anlegen möchtest, schaue dich nach ungenutzten Flächen um, die du nutzen kannst.

ELEMENT 2: WEGE

Wege sind oft ein unterschätztes, aber wichtiges Gartenelement. Sie sorgen nicht nur für einen strukturierten und gepflegten Garten, sondern ermöglichen auch eine effiziente Nutzung des Raumes. Achte darauf, zwischen deinen Beeten ausreichend breite Wege zu schaffen, damit du problemlos eine Schubkarre oder andere Gartengeräte bewegen kannst. Wege helfen dir, von allen Seiten an deine Beete zu gelangen und erleichtern somit die Pflege und Ernte. Sie geben deinem Garten eine klare Form und tragen zur Gesamtästhetik bei.

ELEMENT 3: GEWÄCHSHAUS (OPTIONAL)

Ein Gewächshaus ist zwar kein absolutes Muss, kann aber einen großen Unterschied machen. Es bietet dir die Möglichkeit, die Gartensaison zu verlängern, indem du früher im Jahr beginnen und länger ernten kannst. Gewächshäuser schützen deine Pflanzen vor extremen Wetterbedingungen und Schädlingen und sie schaffen ein ideales Mikroklima für empfindliche Pflanzen. Sie sind besonders nützlich für die Anzucht von Jungpflanzen und für Pflanzen, die es wärmer mögen.

ELEMENT 4: RANKGERÜSTE

Rankgerüste sind unerlässlich für das vertikale Gärtnern und helfen dir, den Platz in deinem Garten optimal zu nutzen. Viele Obst- und Gemüsesorten wie Gurken, Stangenbohnen, Melonen und Kürbisse benötigen eine Rankhilfe, um effizient wachsen zu können. Diese Elemente sparen nicht nur Platz, sondern sorgen auch für eine gute Belüftung der Pflanzen und erleichtern die Ernte. Rankgerüste tragen erheblich zur Ordnung und zum ästhetischen Erscheinungsbild deines Gartens bei und sind eine stilvolle Ergänzung zu den Beeten. Vielleicht hast du bereits Rankgerüste oder ähnliche Elemente, die du nutzen kannst. Oft werden alte Baustahlmatten, Äste oder sogar robuste Bäume zu unbeachteten Potenzialen für Rankhilfen. Wenn du keine speziellen Rankgerüste besitzt, kannst du improvisierte Lösungen wie an Mauern befestigte Metallstäbe oder in den Boden gerammte Stöcke verwenden. Auch Mörtelkästen können mit Pflanzstäben und Kabelbindern ausgestattet werden. Nutze deine Kreativität, um vorhandene Materialien in deinen Garten zu integrieren und so Platz und Geld zu sparen.

DAS SPIEL MIT SONNE UND WIND

Achte bei der Planung und Nutzung deiner vorhandenen Strukturen auf die Sonneneinstrahlung. Beobachte, welche Bereiche deines Gartens den ganzen Tag über Sonne abbekommen und welche eher schattig sind. Die sonnigen Plätze eignen sich besonders gut für lichtliebende Pflanzen wie Tomaten, Paprika oder Kräuter. Schattigere Bereiche sind ideal für Pflanzen, die weniger Licht benötigen, wie beispielsweise Salat oder Spinat, die dürfen aber auch in die sonnigen Beete. Ebenso wichtig ist es, den Wind zu berücksichtigen. Starke Böen können Pflanzen beschädigen und die Ernte gefährden. Überlege auch, wie du Beete vor Wind schützen kannst. Platziere sie an windgeschützten Stellen oder bringe Windschutz aus gebauten Strukturen oder Pflanzen an.

TRANSFORMIEREN VON UNGENUTZTEN FLÄCHEN

Manchmal sind es gerade die verwilderten oder ungenutzten Bereiche deines Gartens, die das größte Potenzial bergen. Ein Bereich, der derzeit von Gestrüpp oder Unkraut überwuchert ist, kann mit etwas Arbeit in einen produktiven Gartenraum verwandelt werden. Entferne das unerwünschte Gestrüpp, bereite den Boden vor und lege neue Beete an. Selbst kleine Änderungen, wie das Anlegen eines Kräutergartens oder einer Kräuterschnecke und die Installation von Hochbeeten auf einer ehemaligen Rasenfläche, können große Wirkung zeigen.

→ Indem du mit offenen Augen durch deinen Garten gehst und vorhandene Strukturen und Materialien sinnvoll nutzt, kannst du einen funktionalen und ästhetisch ansprechenden Garten schaffen, der deinen Bedürfnissen entspricht. Überlege, welche Elemente du aufwerten und wie du deinen Gartenbereich optimal nutzen kannst. Die geschickte Kombination von bestehenden und neuen Gartenelementen ermöglicht es dir, ein harmonisches und produktives Gartenparadies zu gestalten – ganz ohne große Investitionen.

HOCHBEETE VS. FREILANDBEETE: EIN VERGLEICH

Wenn es um die Wahl zwischen Hochbeeten und Freilandbeeten geht, spielen sowohl persönliche Vorlieben als auch spezifische Bedürfnisse eine große Rolle. Beide Beetarten haben ihre eigenen Vor- und Nachteile, die je nach Situation und Gartenzielen unterschiedlich gewichtet werden können.

FREILANDBEETE

Freilandbeete sind die traditionelle Wahl und bieten den Vorteil, dass sie in der Regel kostengünstiger in der Anlage sind als Hochbeete. Sie eignen sich hervorragend für große Pflanzen wie Kohl, Mais, Sonnenblumen oder Mangold, die ausreichend Platz für ihre Wurzeln und ihr eigenes Volumen benötigen. Zudem ermöglichen Freilandbeete eine natürliche Entwicklung des Bodens und die Integration von Pflanzen wie Physalis, die viel Platz und Licht benötigen.

Allerdings können Freilandbeete einige Herausforderungen mit sich bringen. Sie sind anfälliger für Schädlinge, Wühlmäuse und Maulwürfe, da der Boden direkt zugänglich ist. Zudem kann die Bodenqualität über die Jahre hinweg leiden, was regelmäßige Bodenverbesserungen erfordert. Auch kann die Pflege von Freilandbeeten anstrengender sein, da man sich oft bücken und auf dem Boden bewegen muss.

HOCHBEETE

Hochbeete ermöglichen eine rückenschonende Gartenarbeit, da sie auf eine angenehme Arbeitshöhe gebaut werden können. Dadurch entfällt das ständige Bücken, was besonders bei intensiver Pflege und Ernte von Vorteil ist. Hochbeete sind weniger anfällig für Maulwürfe, Wühlmäuse und Ratten, da die Pflanzen in der Regel von unten nicht erreichbar sind. Die Erde bleibt durch regelmäßigen Austausch alle fünf bis sieben Jahre frisch und nährstoffreich, was eine bessere Kontrolle über die Bodenqualität ermöglicht.

Optisch machen Hochbeete viel her und sie können überall im Garten platziert werden, selbst auf unebenen Flächen oder in kleinen Gärten. Ein weiterer Vorteil ist die bessere Wärme- und Feuchtigkeitskontrolle, die besonders für empfindliche Pflanzen wichtig sein kann.

Wie du merkst, komme ich aus dem Schwärmen nicht heraus. Da liegt es nahe, dass ich persönlich das Hochbeet in meinem Garten bevorzuge. Der Hauptgrund ist für mich die Art, wie ich pflanze. Ich liebe das intensive Bepflanzen (siehe Seiten 68–75), welches in Hochbeeten viele Vorteile mit sich bringt. Doch auch bei dieser Beetart gibt es ein paar Nachteile: Der Aufbau von Hochbeeten ist nicht ganz unanstrengend und das Material kann recht teuer sein. Langfristig bedarf es mehr Pflege und Aufwand als bei Freilandbeeten, zum einen wegen des regelmäßigen Austauschs der Erde und zum anderen zur Aufbesserung des Materials. Manche Holzart benötigt zum Beispiel irgendwann einen neuen Anstrich, damit das Material wetterbeständig bleibt.

DIE VOR- UND NACHTEILE AUF EINEN BLICK

	HOCHBEETE	FREILANDBEETE
VORTEILE	• ermöglichen eine rückenschonende Arbeit mit den Pflanzen • weniger Schädlinge, Wühlmäuse und Maulwürfe im Beet • hohe Bodenqualität, wenn Füllung regelmäßig ausgetauscht wird • Kontrolle von Wärme und Feuchtigkeit der Erde möglich • frühere und längere Ernte, da sich die Erde in Hochbeeten schneller aufwärmt • schöne Optik • flexibler Standort • praktisch für kleine Gärten	• kostengünstig • für große Pflanzen und solche, die viel Platz und Licht benötigen sehr gut geeignet • ermöglichen eine natürliche Entwicklung des Bodens
NACHTEILE	• die Erde sollte alle 5–7 Jahre komplett ausgetauscht werden • arbeitsintensiv im Aufbau, und je nach Material auch kostenintensiv • bedarf Pflege (evtl. neuer Anstrich von Holz je nach Holzart)	• anfällig für Schädlinge, Wühlmäuse und Maulwürfe • eine regelmäßige Aufbesserung des Bodens ist nötig • die Pflege ist aufgrund der ungesunden Haltung mühsam

→ Insgesamt hängt die Wahl zwischen Hochbeet und Freilandbeet von deinen spezifischen Bedürfnissen und dem Charakter deines Gartens ab. Beide Beetarten haben ihre Stärken, und eine Kombination aus beiden wäre somit die beste Lösung. So kannst du die kleineren Pflanzen, die weniger Platz benötigen, in das Hochbeet pflanzen, und die großen Pflanzen im Freilandbeet kultivieren.

HOCHBEETE:
MATERIALIEN UND IHRE VOR- UND NACHTEILE

Beim Bau von Hochbeeten stehen dir verschiedene Materialien zur Verfügung, die jeweils ihre eigenen Vor- und Nachteile haben. Die Wahl des richtigen Materials beeinflusst nicht nur die Langlebigkeit und das Aussehen deiner Hochbeete, sondern auch deren Funktionalität. Im Folgenden gehe ich auf die gängigsten Materialien für Hochbeete und ihre spezifischen Eigenschaften ein.

HOLZ

Holz ist eines der beliebtesten Materialien für Hochbeete, und das aus gutem Grund. Es bietet eine natürliche Ästhetik und lässt sich relativ einfach verarbeiten. Holz ist weit verbreitet und oft vergleichsweise kostengünstig. Es gibt verschiedene Holzarten, die für Hochbeete verwendet werden können, darunter Lärche, Douglasie und Eiche, die besonders langlebig und widerstandsfähig sind. Die Wahl von Holz wie Kiefer oder Fichte ist ebenfalls möglich, jedoch erfordern diese eine Behandlung, um die Lebensdauer zu verlängern. Je nach Größe ist das Hochbeet aus Holz relativ mobil und kann umgestellt werden. Holz kann jedoch mit der Zeit verrotten, besonders wenn es nicht ausreichend geschützt ist. Je nach Holzart halten die Hochbeete unterschiedlich lange.

METALL

Metallhochbeete sind eine moderne und langlebige Option. Metall ist sehr widerstandsfähig und rostet bei richtiger Behandlung nicht schnell. Es erfordert wenig Wartung und ist sehr pflegeleicht. Übliche Metalle für Hochbeete sind verzinkter Stahl oder Edelstahl. Je nach Größe ist das Metallhochbeet relativ mobil und kann umgestellt werden. Es ist allerdings schwierig, es in einer individuellen Größe zu bekommen, und die Kosten sind

nicht zu vernachlässigen. Ein weiterer Nachteil ist, dass Metall sich bei Sonnenbestrahlung stark erwärmen kann, was die Wurzeltemperatur beeinflussen kann.

STEIN

Steinhochbeete sind besonders stabil und haben eine lange Lebensdauer. Sie benötigen nahezu keine Wartung und haben eine edle und zeitlose Optik. Sie können aus Natursteinen, Ziegeln oder Betonsteinen gebaut werden. Der Bau kann allerdings teuer sein, insbesondere wenn professionelle Hilfe erforderlich ist. Zudem erfordert der Aufbau präzise Arbeit und er kann zeitaufwendig sein.

KUNSTSTOFF

Kunststoffhochbeete sind leicht, pflegeleicht und oft kostengünstig. Sie sind in verschiedenen Farben und Stilen erhältlich und können leicht zusammengebaut werden. Kunststoff ist relativ resistent gegen Witterungseinflüsse und erfordert keine besondere Pflege. Das Hochbeet aus Kunststoff ist einfach zu transportieren und zu montieren. Allerdings ist es nicht so umweltfreundlich und kann sich bei extremen Temperaturen verformen. Es ist also nicht so langlebig wie Hochbeete aus Holz oder Metall.

MATERIALIEN KOMBINIEREN

Manchmal werden auch mehrere dieser Materialien für ein Hochbeet verwendet, um die Vorteile zu vereinen und die Nachteile zu minimieren. Beispielsweise können Holz und Metall kombiniert werden, um sowohl die Ästhetik des Holzes als auch die Haltbarkeit des Metalls zu nutzen.

→ Jedes Material hat seine eigenen Stärken und Schwächen. Daher ist es wichtig, deine persönlichen Prioritäten und die spezifischen Anforderungen deines Gartens zu berücksichtigen.

In meinem Garten habe ich mich für Holz (Eiche, Robinie und Kiefer/Fichte) entschieden, da wir viel mit Holz arbeiten und oft Schwartenbretter als Überschuss haben. Diese Bretter sind ideal für den Bau meiner Hochbeete, da sie kostengünstig und leicht verfügbar sind. Zudem passt Holz zu meinem Wunsch, ein optisch ansprechendes und gleichzeitig langlebiges Hochbeet zu schaffen. Um das Holz vor Feuchtigkeit und Verfall zu schützen, habe ich die Innenseiten der Hochbeete mit einer Folie ausgekleidet. Diese Folie schützt das Holz vor direktem Kontakt mit der Erde und Feuchtigkeit und verlängert seine Lebensdauer erheblich.

ANLEITUNG ZUM BAU EINES HOCHBEETS

In diesem Kapitel erkläre ich dir, wie du ein robustes und langlebiges Hochbeet aus Holz baust. Diese Anleitung basiert auf meinen persönlichen Erfahrungen und hat sich in meinem Garten als sehr effektiv erwiesen. Meine Hochbeete sind 1,20 m breit, somit kommt man immer gut an alle Pflanzen heran. In der Länge variieren sie zwischen 1,20 m und 3 m. Die Anleitung ist für ein Hochbeet mit einer Höhe von 75 cm vorgesehen. Ich selbst bin relativ groß (176 cm) deshalb ist es perfekt. Bist du kleiner, kannst du dein Hochbeet ganz einfach anpassen und zum Beispiel Bretter mit 20 cm Höhe wählen und das Kantholz auf 60 cm Länge zuschneiden.

MATERIALIEN

- 4 Kanthölzer (75 cm lang, je nachdem wie hoch dein Hochbeet sein soll, und 6 x 6 cm stark)
- 6 kurze Bretter (50 cm bis 120 cm lang, 3 cm stark, 25 cm hoch)
- 6 lange Bretter (120 cm bis 300 cm lang, 3 cm stark, 25 cm hoch)
- Steine oder Platten zum Unterlegen
- Ankernägel (geriffelt, ausreichend lang) oder Schrauben
- Folie zum Auskleiden des Hochbeets und zum Schutz vom Holz (Noppenfolie hat sich als praktisch erwiesen)
- Nagerschutzdraht in der Größe deines Hochbeets plus ein paar Zentimeter zum Befestigen
- Eventuell Bretter oder Leisten, wenn dein Beet sehr lang (3 m und mehr) sein soll

SO GEHT'S

1. **Materialien bereitlegen**
   Bevor du mit dem Bau beginnst, bereite alle Materialien vor und lege sie an die Stelle, wo das Hochbeet später stehen soll. Es ist wichtig, den Arbeitsbereich gut organisiert zu haben.
2. **Untergrund vorbereiten**
   Stelle sicher, dass der Untergrund eben und stabil ist. Das Hochbeet sollte auf Steinen oder Kunststoffpaletten stehen, um direkte Feuchtigkeitsaufnahme vom Boden zu verhindern und Fäulnis zu vermeiden. Eine ebene Fläche stellt sicher, dass das Wasser später beim Gießen nicht in eine Ecke läuft.
3. **Zuschnitt und Vorbereitung**
   Schneide die Kanthölzer und Bretter auf die benötigte Länge zu. Stelle sicher, dass die kurzen Bretter auf je einer Seite in der Dicke der Bretter überstehen. Dies sorgt für eine bündige und ästhetische Verbindung der Stöße.

4. Kurze Seiten montieren

Lege zwei Kanthölzer parallel auf den Boden. Nagle oder schraube die kurzen Bretter (50 cm bis 120 cm) quer an die Kanthölzer. Verwende Ankernägel, die geriffelt und ausreichend lang sind, um eine stabile Verbindung zu gewährleisten, oder schraube das Holz zusammen. Wiederhole diesen Schritt für die zweite kurze Seite.

5. Lange Seiten montieren

Stelle die beiden kurzen Seiten senkrecht auf die vorbereiteten Steine oder Platten. Spätestens hier wäre es sinnvoll, dass dir eine zweite Person dabei hilft. Positioniere die langen Bretter (120 cm bis 300 cm) zwischen den kurzen Seiten. Nagle oder schraube die langen Bretter an die Kanthölzer der kurzen Seiten. Achte darauf, dass die Stöße sauber und bündig sind.

6. Aufstellen und Ausrichten

Richte das Hochbeet sorgfältig aus, indem du es auf die vorbereiteten Steine oder Platten stellst. Diese sorgen dafür, dass das Holz von unten nicht verrottet. Kontrolliere, ob alle Verbindungen stabil sind und das Hochbeet eben steht.

HINWEIS

Je länger dein Hochbeet ist, desto eher benötigt es eine Aussteifung, damit es nicht ausbeult. Das heißt, dass die Seitenwände verstärkt werden müssen, damit das Hochbeet stabil bleibt und sich nicht durch den Druck nach außen beult. Dies habe ich bei meinen Hochbeeten ab 3 m Länge gemacht.

7. Nagerschutzgitter befestigen
Um unerwünschte Schädlinge von unten zu vermeiden, habe ich in all meinen Hochbeeten ein Nagerschutzgitter am Boden befestigt. Ein kleiner Schritt, der dir nicht nur deine Ernte rettet, sondern dich auch davor schützt, das ganze Hochbeet wieder leeren zu müssen. Denn wenn du erst einmal ein Mäusenest in deinem Hochbeet hast, fressen die Nager deinem gesamten Gemüse die Wurzeln weg. Dann bleibt dir nichts anderes übrig, als das ganze Hochbeet zu leeren und das Nest zu finden.

8. Folie anbringen
Spanne eine Folie im Inneren des Hochbeets, um das Holz vor Feuchtigkeit zu schützen. Die Folie sollte die Innenwände des Beets vollständig abdecken. Es gibt spezielle Noppenfolien für Hochbeete, die zusätzlich Luft speichern und die Erde dadurch länger warm halten. Achte darauf, dass der Boden frei von Folie bleibt, damit das Wasser abfließen kann. Befestige die Folie mit einem Tacker oder kleinen Nägeln, damit sie nicht verrutscht.

9. Abschluss

Nachdem das Hochbeet aufgestellt und die Folie angebracht ist, kannst du es mit Erde und Kompost befüllen. Die Höhe deines Hochbeets von mindestens 60 cm erleichtert das Arbeiten und schützt deine Pflanzen vor Bodenfrost und Schädlingen.

Optional kannst du noch ein Rankgitter aus Holz am Hochbeet befestigen, wenn du bereits weißt, dass du rankende Pflanzen kultivieren möchtest.

9

TIPPS UND EMPFEHLUNGEN

- **Nägel statt Schrauben:** Ich empfehle das Nageln mit geriffelten Ankernägeln, da das Holz im Laufe der Zeit arbeitet. Nägel sind flexibler als Schrauben und brechen seltener ab. Lass dich im Baumarkt oder von erfahrenen Handwerkern beraten, welche Nägel sich am besten eignen.
- **Ausrichtung und Platzierung:** Überlege dir gut, wo das Hochbeet stehen soll. Einmal aufgestellt und befüllt, ist es schwer zu bewegen. Achte darauf, dass es an einem sonnigen und windgeschützten Ort steht.
- **Schutz vor Feuchtigkeit:** Das Hochbeet sollte niemals direkt auf dem Boden stehen. Verwende Steine oder Kunststoffpaletten, um es leicht erhöht zu platzieren. Dies verhindert, dass das Holz von unten her verrottet.

MEINE 23 HOCHBEETE

Ich bin relativ groß (176 cm), deshalb sind meine Hochbeete 75 cm hoch gebaut. Ich habe zehn Hochbeete mit den Maßen 120 cm x 100 cm und ein Hochbeet mit den Maßen 120 cm x 300 cm. Viele kleine Hochbeete in den Maßen 100 cm x 50 cm ergänzen meinen Hochbeetgarten perfekt.

HOCHBEETE BEFÜLLEN: DIE 4-SCHICHTEN-METHODE

Das Befüllen von Hochbeeten in mehreren Schichten ist eine bewährte Methode, um optimale Wachstumsbedingungen für deine Pflanzen zu schaffen. Durch diese Schichtung wird über mehrere Jahre hinweg eine konstante Nährstoffversorgung gewährleistet, während gleichzeitig durch Verrottungsprozesse Wärme erzeugt wird, die das Pflanzenwachstum fördert. Hier erfährst du, wie du dein Hochbeet in vier einfachen Schichten befüllst.

1. SCHICHT: ÄSTE, ZWEIGE ODER HOLZHÄCKSEL

Die erste Schicht bildet das Fundament deines Hochbeets. Verwende grobes Material wie Äste, Zweige oder Holzhäcksel. Diese Schicht sorgt für eine gute Belüftung und Drainage, verhindert Staunässe und fördert die Zersetzung der organischen Materialien. Sie sollte etwa 25 cm hoch sein. Die Schicht sackt dann sehr schnell ab.

2. SCHICHT: UMGEDREHTE RASENSODEN, LAUB ODER RASENSCHNITT

Die zweite Schicht enthält Materialien, die reich an organischen Stoffen sind, etwa umgedrehte Rasensoden, Laub oder Rasenschnitt. Sie fördern die Zersetzung der darunterliegenden Schicht und sorgen für eine erste Versorgung mit Nährstoffen. Auch diese Schicht sollte etwa 25 cm hoch sein und wird in sich zusammenfallen.

3. SCHICHT: HALBREIFER KOMPOST

Die dritte Schicht besteht aus halbreifem Kompost. Dieser ist noch nicht vollständig zersetzt, bietet aber eine wertvolle Nährstoffquelle und trägt zur weiteren Wärmeentwicklung im Beet bei. Der halbreife Kompost verbessert die Bodenstruktur und fördert das Bodenleben. Diese Schicht sollte ebenfalls etwa 25 cm hoch sein.

4. SCHICHT: HOCHWERTIGE GARTENERDE UND REIFER KOMPOST

Die oberste Schicht besteht aus einer Mischung aus hochwertiger Gartenerde und reifem Kompost. Diese Schicht stellt die direkte Nährstoffversorgung für deine Pflanzen sicher und bietet eine ideale Grundlage für deren Wurzelentwicklung. Sie sollte ca. 25 bis 30 cm hoch sein.

WICHTIGE HINWEISE ZUR BEFÜLLUNG

- **Schichtung und Materialhöhe:** Jede Schicht sollte etwa 25 cm hoch sein, wobei die Höhe je nach Verfügbarkeit des Materials und der Gesamtgröße deines Hochbeets variieren kann. Insbesondere die dritte und vierte Schicht sollten gut bemessen sein, da sie die Hauptnährstofflieferanten sind.
- **Verrottungsprozess:** Durch die Schichtung wird die Verrottung gefördert, was zu einer natürlichen Erwärmung des Beets führt. Dies beschleunigt das Wachstum deiner Pflanzen und verlängert die Anbausaison. Du kannst schon früher pflanzen und säen und hast länger etwas von deinen Pflanzen.
- **Nachfüllen:** Im Laufe der Zeit wird die Erde im Hochbeet absacken, da die organischen Materialien verrotten. Daher ist es wichtig, das Beet im Frühjahr mit Kompost und Gartenerde aufzufüllen, um die optimale Höhe und Nährstoffversorgung zu gewährleisten. Vor allem in den ersten Monaten sackt die Befüllung stark ein. Optimal wäre also die Befüllung mit frischem Rückschnitt, Laub und den weiteren Schichten im Herbst, damit du bereits im Frühjahr etwas auffüllen kannst. Ich habe aber erfolgreich auch im Frühjahr noch schnell ein Hochbeet gebaut und bepflanzt. Das klappt auch.
- **Neubefüllung:** Etwa alle sieben Jahre leere ich meine Hochbeete komplett und befüllen sie neu. Dadurch stelle ich sicher, dass die Nährstoffversorgung konstant bleibt und das Beet weiterhin optimale Wachstumsbedingungen bietet.

→ Durch die richtige Schichtung und regelmäßige Pflege kannst du das Beste aus deinem Hochbeet herausholen und eine reiche Ernte genießen.

WEITERE WICHTIGE HINWEISE ZU HOCHBEETEN

DIE RICHTIGE GRÖSSE

Auf Basis meiner Erfahrung würde ich sagen, dass ein Hochbeet, das entlang eines Zauns oder einer Mauer steht und nur von drei Seiten zugänglich ist, idealerweise eine Breite von 50 bis 90 cm haben sollte. So kannst du alle Pflanzen gut erreichen und pflegen, ohne dich zu sehr strecken zu müssen. Bei der Länge hast du mehr Spielraum – zwischen 150 cm und 300 cm, je nach Platz. Wenn du das Hochbeet freistehend platzierst und von allen Seiten zugänglich machst, empfehle ich eine Breite von 100 bis 120 cm. Die ideale Länge liegt dann zwischen 100 und 300 cm, perfekt für eine vielfältige Bepflanzung.

HOCHBEET AN ZAUN ODER MAUER

BREITE	50–90 cm
LÄNGE	150–300 cm
ZUGANG	Von 3 Seiten

HOCHBEET FREISTEHEND

BREITE	100–120 cm
LÄNGE	100–300 cm
ZUGANG	Von allen Seiten

RANKHILFEN

Viele Pflanzen brauchen etwas, an dem sie ranken können. Bohnen benötigen eine vertikale Rankhilfe. Gurken, Tomaten, Erbsen, Kürbis, Melonen und selbst Zucchini können und müssen zum Teil angebunden werden.

Du kannst aus stabilen Ästen selbst eine Art Leiter bauen oder aus Leisten eine stabilere Variante konstruieren. Es gibt auch viele fertige Rankhilfen zu kaufen. DIY-Lösungen haben allerdings den Vorteil, dass du sie individuell an die Bedürfnisse deiner Pflanzen anpassen kannst.

Achte darauf, dass die Stabilität der Rankhilfe je nach Frucht unterschiedlich sein muss. Ein Kürbis wiegt deutlich mehr als Erbsen oder Bohnen. Beachte dies bei der Planung deiner Beete, um jeder Pflanze die optimale Unterstützung zu bieten. Es hilft in jedem Fall, den Standort rankender Pflanzen genau zu planen, um Rankhilfen zu integrieren.

→ Rankhilfen erhöhen die Erträge und erleichtern die Pflege. Plane und baue sie frühzeitig, um ein gesundes Wachstum zu fördern.

WEGE ZWISCHEN DEN HOCHBEETEN

Wege zwischen Hochbeeten sollten mindestens 60 cm breit sein, damit du bequem hindurchgehen und eine Schubkarre nutzen kannst. Für die Gestaltung der Wege eignen sich verschiedene Materialien, z. B. Kies, Rindenmulch oder Pflastersteine. Kies sorgt für eine gute Drainage, Rindenmulch ist günstig und natürlich, während Pflastersteine eine stabile und langlebige Option darstellen. Achte darauf, die Wege unkrautfrei zu halten, um die Pflege deiner Beete zu erleichtern.

FREILANDBEETE ANLEGEN

Beachte beim Anlegen von Freilandbeeten, dass sie an einem sonnigen und windgeschützten Standort liegen und die Wasserversorgung gewährleistet ist. Ich zeige dir im Folgenden, wie ich meine Beete angelegt habe.

MATERIAL

- Holz, Steine oder andere Materialien für die Umrandung der Beete
- Pappe oder Unkrautvlies
- Viel Kompost
- Bretter (25 cm breit), um die Wege von den Beeten abzugrenzen
- Belag für die Wege, z. B. Hackschnitzel

SO GEHT'S

1. **Die Beetgröße festlegen**
   Wähle die Maße deiner Beete. Ich empfehle eine Größe von 1,20 m x 3 m oder auch länger. Zwischen den Beeten sollten Wege von 40–60 cm Breite angelegt werden, damit du bequem arbeiten und den Garten gut pflegen kannst.
2. **Umrandung bauen**
   Baue eine Umrandung um die gesamte Beetfläche. Dies hilft, die Struktur zu halten, und verhindert, dass Erde und Kompost weggespült werden. Für die Umrandung kannst du Holz, Steine oder andere Materialien verwenden, die gut zum Stil deines Gartens passen.

3. Unkrautstopp verlegen

Lege im nächsten Schritt Pappe auf den Boden. Diese zersetzt sich im Laufe der Zeit und verbessert dabei die Bodenstruktur. Dieses einfache, aber effektive Mittel verhindert, dass Unkraut durch die Erde wächst. Du kannst auch spezielle Unkrautvliese verwenden, die ähnliche Vorteile bieten.

4. Kompost aufbringen

Auf die Pappschicht bringst du eine 15–20 cm dicke Schicht Kompost auf. Kompost ist reich an Nährstoffen und verbessert die Bodenqualität erheblich. Er bietet eine hervorragende Grundlage für deine Pflanzen, da er die Bodenstruktur verbessert und die Wasserhaltefähigkeit erhöht. Achte darauf, dass du qualitativ guten und reifen Kompost verwendest.

5. Wege abtrennen

Trenne die Wege zwischen den Beeten mit Brettern ab. Dies vermittelt eine klare Trennung zwischen Beet und Weg. Falls du Rindenmulch, Kies oder Hackschnitzel als Wegbelag verwendest, verhindert dies außerdem, dass sie sich mit dem Kompost der Beete vermischen. Hackschnitzel sind ein großartiges Material für Gartenwege, da sie Unkraut unterdrücken und gleichzeitig das Wasser gut abfließen lassen.

6. Einsäen und pflanzen

Jetzt geht es an den schönsten Teil: einsäen und pflanzen. Wähle deine Pflanzen nach den Bedingungen in deinem Garten und deinem Geschmack aus. Achte darauf, den Pflanzabstand einzuhalten, damit die Pflanzen genug Platz zum Wachsen haben. Mischkultur (siehe Seite 60) kann hier von Vorteil sein, da verschiedene Pflanzen einander unterstützen können. Gerade im Freiland achte ich auf die Fruchtfolge (siehe Seite 64).

TIPPS UND TRICKS

- Achte darauf, dass die Beete gut erreichbar sind und du überall bequem hinkommst.
- Plane die Wege so, dass du auch mit einer Schubkarre oder anderen Gartengeräten gut durchkommst.
- Beobachte deinen Garten im Laufe des Tages, um zu sehen, wie sich das Licht verändert und welche Bereiche am meisten Sonne abbekommen.

PFLEGE DER FREILANDBEETE

- Halte die Beete unkrautfrei, indem du regelmäßig jätest.
- Achte darauf, die Pflanzen regelmäßig zu gießen, besonders in trockenen Perioden.
- Dünge die Beete regelmäßig mit organischem Dünger oder Kompost (siehe Seite 116), um die Nährstoffversorgung sicherzustellen.

INSEKTENSCHUTZTUNNEL FÜR GROSSE BEETE

Ein Insektenschutztunnel ist eine hervorragende Möglichkeit, die Kulturen in deinen Freilandbeeten – insbesondere Kohlpflanzen – vor Schädlingen zu schützen. Alternativ kannst du eine Folie aufspannen und einen Folientunnel bauen, mit dem du das Wachstum deiner Pflanzen durch mehr Wärme förderst.

MATERIALIEN

- Eisenstangen (ca. alle 50 cm + am Anfang und Ende je auf beiden Seiten, ca. 40 cm lang)
- 5 ISO-Rohre (M16, 2 m lang)
- Insektenschutznetz oder Folie (bei einem 1,20 x 3 m Beet sind 2 x 5 m optimal)
- Clips zur Befestigung (hängen im Baumarkt direkt neben den ISO-Rohren)
- Steine

SO GEHT'S

1. Eisenstangen setzen

Bohre die Eisenstangen auf beiden Seiten gegenüberliegend in die Ecken deines Beets und im Abstand von ca. 50 cm am Rand deines Beets entlang in die Erde. Diese dienen als stabile Basis für die Bögen des Tunnels.

2. ISO-Rohre anbringen

Stülpe die ISO-Rohre über die Eisenstangen, sodass Bögen entstehen. Für ein Beet von 3 m x 1,20 m empfehle ich fünf ISO-Rohre. Die Rohre sollten dünn sein, um sich gut biegen zu lassen.

TIPP

Lege die Rohre vorher in die Sonne, damit sie durch die Wärme biegsamer werden.

3. Netz auflegen

Lege das Netz (bzw. die Folie, wenn du einen Folientunnel planst,) über die Rohre. Achte darauf, dass es lang genug ist, um bis zum Boden zu reichen.

4. Netz befestigen

Befestige das Netz (oder die Folie) mit Clips an den ISO-Rohren. Diese Clips sind eigentlich zur Befestigung von Rohren an Wänden gedacht, eignen sich aber hervorragend für dieses Projekt. Beschwere die Enden des Netzes mit Steinen, um es am Boden zu fixieren.

KOSTEN UND TIPPS

- Insgesamt ist dieser Insektenschutz- oder Folientunnel eine kostengünstige und einfache Lösung, die du schnell umsetzen kannst. Die ISO-Rohre kosten etwa 1,59 € pro Stück, und eine Packung Clips etwa 6,29 €.
- Ein solcher Tunnel schützt deine Pflanzen vor Wetterextremen und Schädlingen, verlängert die Anbausaison und fördert ein gesundes Pflanzenwachstum.

TIPP: KOHLWEISSLINGE IM GARTEN

Diese weißen Schmetterlinge sind schön anzusehen, legen aber ihre Eier mit Vorliebe auf Kohlpflanzen ab. Die grünen Raupen fressen große Löcher in die Pflanzen und vernichten sie manchmal sogar komplett. Um das zu verhindern, schützt man den Kohl am besten von Anfang an mit Netzen. Hat man das jedoch verpasst, hilft Tomatenjauche. Die ist ganz einfach anzusetzen, wenn du Tomaten in deinem Garten anbaust, und ihre Wirkung ist sehr effektiv. Du benötigst 1 kg Geiztriebe oder Blätter von gesunden Tomatenpflanzen. Gib sie in 10 l kaltes Regenwasser, lass diese Mischung 2 Wochen lang gären und rühre ab und zu um. Brause damit während der Flugzeit von Mitte Juli bis Ende August zweimal wöchentlich mit 1:1 verdünnter Jauche deine Kohlpflanzen ab.

KAPITEL 3

AUS WISSEN WIRD WACHSTUM: SO GELINGT DIR DIE ANZUCHT

Hast du dich schon einmal gefragt, wie du all das theoretische Wissen in deinem Garten wirklich zum Leben erweckst? In diesem Kapitel nehmen wir uns gemeinsam die Anzucht vor und ich zeige dir Schritt für Schritt, wie du aus kleinen Samen oder Setzlingen kraftvolle, gesunde Pflanzen ziehst. Ganz egal, ob du gerade erst anfängst oder schon ein bisschen Erfahrung hast: Hier bekommst du wertvolle, praxisnahe Tipps. Gemeinsam machen wir den Sprung von der Theorie zur Praxis, damit dein Garten bald in voller Pracht erblüht und du eine ertragreiche Ernte einfahren kannst.

MEINE MUST-HAVES IM GARTEN

Wenn du mich fragst, auf welche Gartengeräte und -methoden ich in meiner täglichen Arbeit nicht verzichten möchte, dann habe ich ein paar echte Favoriten, die ich dir ans Herz legen kann. Diese Dinge haben mir nicht nur Zeit und Mühe erspart, sondern auch dazu beigetragen, dass meine Pflanzen gesund und kräftig wachsen.

DIE GRABEGABEL VON TERRADIX

Eines meiner absoluten Must-haves ist die TERRADIX® Broadfork. Im Gegensatz zu herkömmlichen Grabegabeln oder Spaten, die die Bodenschichten stark umwälzen und dabei Bodenorganismen zerstören, lockert die Broadfork den Boden, ohne ihn tief zu durchmischen. So bleiben nützliche Bodenbakterien in ihrer gewohnten Umgebung und das Bodengefüge bleibt intakt. Ein lockerer Boden verbessert die Wasseraufnahme und mindert Erosion. Die spezielle Form der Zinken macht den Unterschied.

Exklusiv für alle Leserinnen und Leser dieses Buches gibt es mit dem Rabattcode „beete10" oder über den QR-Code einen dauerhaften 10%-Rabatt auf dieses hochwertige Gartenwerkzeug. Der QR-Code führt zu folgender Webseite: https://terradix.com/ref/ellislandliebe/.

BALLBRAUSE

Ein weiteres Werkzeug, das ich nicht missen möchte, ist die Ballbrause. Sie ist ideal, um empfindliche Jungpflanzen und Sämlinge zu gießen, ohne sie zu beschädigen. Die sanfte Wasserabgabe verhindert, dass zarte Wurzeln freigelegt oder beschädigt werden. Gerade bei der Anzucht in Töpfen oder Quickpot-Platten sorgt die Ballbrause dafür, dass das Wasser gleichmäßig verteilt wird und die Erde gut durchfeuchtet bleibt.

TÖPFE ODER ANZUCHTPLATTEN

Zur Anzucht meiner Pflanzen nutze ich alte Pflanztöpfe, die ich vorher reinige, oder auch Verpackungsmaterialen und spezielle Anzuchtschalen wie Quickpot-Platten.

ERDBALLENPRESSE

Wer die Erdballenpresse nutzt, gärtnert zeitsparend und nachhaltig. Die Anzuchterde wird mit diesem Werkzeug in kleine Ballen gepresst. Ein Vorteil: Die Wurzeln haben direkten Kontakt mit Sauerstoff, was ihr Wachstum unterstützt, und das Loch für die Samen ist bereits eingepresst. Pikieren ist dann meist überflüssig und den Pflanzen bleibt der Stress erspart. Die Erdballenpresse gibt es in verschiedenen Größen, je nach Pflanzengröße. Sobald die Pflanze zu groß für den Ballen wird, setze ich sie in einen Topf, bis sie nach draußen kann.

DIGITALER GARTENPLANER

Früher habe ich meine Gartenideen auf Zetteln und in Notizheften gesammelt. Heute weiß ich, wie wichtig es ist, alles an einem übersichtlichen Ort zu haben – und genau deshalb habe ich einen digitalen Gartenplaner entwickelt, der das Gärtnern revolutioniert!

WAS MACHT DEN PLANER SO BESONDERS?

- **Individuelle Beetpläne gestalten:** Entwirf und speichere deine Pläne und hab sie immer dabei – ob am Tablet oder Handy.
- **Aussaattabellen und Fruchtfolge-Infos:** Nie wieder rätseln, wann und wo du was pflanzen sollst. Alle Infos sind auf einen Blick verfügbar.
- **Gute und schlechte Nachbarn:** Erfahre, welche Kulturen gut harmonieren und welche du besser trennen solltest.
- **Wertvolle Infos zu Kulturen:** Entdecke praktische Tipps und wichtige Fakten zu deinen Lieblingspflanzen.
- **Verlinkungen:** Notiere und speichere Websites, Social-Media-Seiten oder Inspirationen direkt im Planer.
- **To-dos** und vieles mehr als Erweiterung zu diesem Buch.

HIER KOMMST DU ZU FOLGENDER WEBSEITE:

https://paperlesslife.de/products/digitaler-gartenplaner.
Über den QR-Code oder den Code „elli" sparst du 10 %.

VORANZUCHT VS. DIREKTSAAT

Die Frage, ob man Nutzpflanzen direkt ins Beet sät oder sie vorher in Töpfen vorzieht, beschäftigt viele Gärtner*innen. Beide Methoden haben ihre Vor- und Nachteile, und die Entscheidung hängt oft von deinen individuellen Zielen und Möglichkeiten ab.

VORTEILE DER VORANZUCHT

Wenn du deine Pflanzen selbst vorziehst, hast du die Kontrolle über den gesamten Wachstumsprozess. Du startest mit dem Säen der Samen und stellst die Pflanzen geschützt in ein Gewächshaus, auf die Fensterbank oder unter spezielle Anzuchtlampen. Der große Vorteil dabei: Deine Pflanzen haben einen Vorsprung. Wenn es draußen noch zu kalt ist, um empfindliche Pflanzen wie Tomaten, Paprika, Chili oder Zucchini auszusäen, entwickeln sich deine vorgezogenen Setzlinge schon prächtig. Auch mit Kopf- und Pflücksalat, Kohl, Kürbis, Erbsen und Mais habe ich gute Erfahrungen in der Voranzucht gemacht. Sobald es warm genug ist, kannst du sie ins Beet setzen und hast so eine deutlich frühere Ernte. Ein weiterer Pluspunkt: Deine Beete sind kürzer belegt und so kannst du den Platz effizienter nutzen. Die Pflanzen kommen nämlich erst dann ins Beet, wenn sie groß und stark genug sind. Das bedeutet auch, dass du öfter nachsäen und mehrere Ernten einfahren kannst. Zudem wachsen die vorgezogenen Pflanzen oft in gleichmäßigen Reihen oder an der Stelle, die du wählst und sehen ordentlich aus. Du kannst sie exakt dort platzieren, wo du sie haben möchtest, was den Pflegeaufwand während der Saison minimiert.

NACHTEILE DER VORANZUCHT

Es gibt auch einige Nachteile, die du bedenken solltest. Die Voranzucht erfordert Platz, Zeit und etwas Erfahrung. Du musst geeignete Bedingungen schaffen – genug Licht, die richtige Temperatur, hohe Luftfeuchtigkeit – und deine Setzlinge regelmäßig pflegen. Nicht jeder hat den Platz oder die Zeit dafür. Zudem können die vorgezogenen Pflanzen unter dem Übergang ins Freiland leiden. Der sogenannte „Pflanzschock" entsteht, wenn die zarten Jungpflanzen plötzlich mit neuen Umweltbedingungen konfrontiert werden. Selbst wenn du sie vorher abhärtest, kann es sein, dass sie erst einmal eine Wachstumsstockung haben. Auch kann es passieren, dass sie anfälliger für Krankheiten sind oder schlechter anwurzeln, weil sie die behüteten Bedingungen der Voranzucht vermissen.

VORTEILE DER DIREKTSAAT

Die Direktsaat bedeutet deutlich weniger Aufwand. Du bereitest dein Beet vor, säst deine Samen direkt in die Erde und überlässt es der Natur, sie wachsen zu lassen. Die Pflanzen gewöhnen sich von Anfang an an die Bedingungen in deinem Garten. Sie entwickeln oft tiefere Wurzeln, weil sie sofort auf der Suche nach Wasser und Nährstoffen sind. Das macht sie widerstandsfähiger gegenüber Trockenheit und anderen Wetterextremen. Außerdem entfallen die Arbeiten rund um die Anzucht: Du brauchst keine Töpfe, kein Substrat, keine Anzuchttische. Das spart Platz, Zeit und Geld. Direkt ins Beet säen würde ich vor allem folgende Kulturen: Asia-Salat, Babyleafsalat, Feldsalat, Spinat, Möhren, Radieschen und Rüben.

NACHTEILE DER DIREKTSAAT

Doch die Direktsaat hat auch ihre Tücken. Die Samen keimen nicht immer gleichmäßig, was zu unregelmäßigen Pflanzreihen oder sogar Komplettausfällen führen kann. Das bedeutet mehr Aufwand bei der Pflege, vor allem wenn es darum geht, Beikräuter zu entfernen. Da die Pflanzen von Anfang an draußen stehen, sind sie außerdem den Launen des Wetters ausgesetzt – zu viel Regen, zu wenig Sonne oder Spätfröste können das Wachstum verzögern oder sogar verhindern. Auch Schädlinge und Schnecken freuen sich besonders über kleine Jungpflanzen. Und weil die Pflanzen direkt im Beet keimen und wachsen, sind deine Beete länger belegt. Das kann den Platz für eine zweite oder dritte Kultur verringern und zu einem höheren Wasserverbrauch führen, da du länger gießen musst, um die jungen Pflanzen zu unterstützen.

TIPPS FÜR DAS VORZIEHEN VON SAMEN

- **Anzuchttöpfe oder Erdballenpresse verwenden:** Nutze kleine Töpfe oder Anzuchtplatten mit guter Drainage. Joghurtbecher oder Eierkartons können ebenfalls verwendet werden, sofern sie Löcher für den Wasserabfluss haben.
- **Anzuchterde verwenden:** Anzuchterde ist nährstoffarm und sorgt dafür, dass die Samen nicht zu schnell wachsen und „vergeilen". Achte auf gute Qualität, sodass du dir keine Schädlinge wie Trauermücken ins Haus holst.
- **Licht und Wärme:** Stelle die Anzuchtgefäße an einen warmen, hellen Ort. Künstliches Pflanzenlicht kann helfen, wenn natürliches Licht nicht ausreicht. Auch Heizmatten können helfen.
- **Gleichmäßige Feuchtigkeit:** Die Erde sollte stets feucht, aber nicht nass sein. Ein Mini-Gewächshaus oder eine Plastikfolie über den Töpfen kann helfen, die Feuchtigkeit zu halten.
- **Pikieren:** Sobald die Keimlinge zwei bis vier echte Blätter entwickelt haben (zusätzlich zu den Keimblättern), sollten sie pikiert, also vereinzelt und in größere Töpfe umgesetzt werden.
- **Abhärten:** Bevor die Pflanzen ins Freiland gesetzt werden, müssen sie abgehärtet werden. Stelle sie dazu einige Tage lang tagsüber nach draußen und erhöhe schrittweise die Dauer.

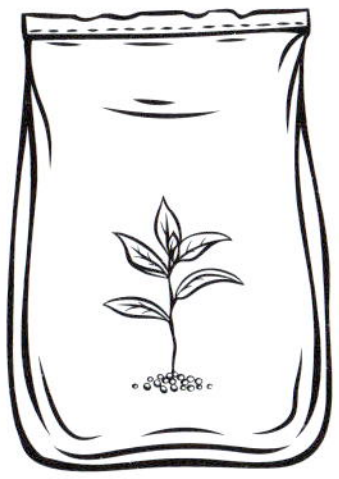

→ Letztlich hängt die Entscheidung, ob du vorziehst oder direkt säst, von deinen persönlichen Vorlieben und Bedingungen ab. Beide Methoden haben ihre Berechtigung, und oft ist eine Kombination die beste Lösung. So kannst du die Vorteile beider Ansätze nutzen und den Ertrag deines Gartens maximieren. Probiere einfach aus, was für dich und deinen Garten am besten funktioniert.

KALT- UND WARMKEIMER

Ein wichtiger Aspekt bei der Aussaat von Pflanzen ist das Verständnis dafür, ob es sich um Kalt- oder Warmkeimer handelt. Dies hilft dir, den optimalen Zeitpunkt und die besten Bedingungen für die Keimung zu wählen. Hier erkläre ich dir den Unterschied und gebe dir Tipps, wie du die Keimung erfolgreich gestalten kannst.

WARMKEIMER

Warmkeimer benötigen höhere Temperaturen, um zu keimen. Diese Pflanzen stammen oft aus wärmeren Klimazonen und brauchen Wärme, um ihren Keimprozess zu starten. Die meisten Gemüsesorten und viele Sommerblumen gehören zu den Warmkeimern.

Beispiele: Aubergine, Basilikum, Busch- und Stangenbohne, Chili, Gurke, Kürbis, Mais, Melone, Paprika, Tomate, Zucchini

---

TIPPS ZUR AUSSAAT VON WARMKEIMERN

- Säe Warmkeimer nach den letzten Frösten im Freiland oder ziehe sie im Haus vor. Sie benötigen wenigstens eine Woche lang die mindestens angegebene Temperatur.
- Verwende eine Heizmatte oder eine warme Fensterbank, um die optimale Keimtemperatur zu erreichen.
- Halte den Boden gleichmäßig feucht, aber nicht nass.

KALTKEIMER

Kaltkeimer benötigen einen Kältereiz, um zu keimen. Daher können sie oft direkt ins Freiland gesät werden, da sie kühlere Temperaturen bevorzugen. Diese Pflanzen stammen aus gemäßigten Klimazonen, wo sie sich an kühlere Bedingungen angepasst haben. Viele Stauden und einige Gemüsesorten sind Kaltkeimer.

KEIMUNG IM KÜHLSCHRANK

Im Sommer kann es manchmal zu warm für bestimmte Kulturen sein. Dann kannst du dir die Kühlschrank-Methode zunutze machen, um den Keimreiz auszulösen.

1. Wickle die Samen in ein feuchtes Küchentuch.
2. Leg das Küchentuch in einen verschließbaren Plastikbeutel oder eine verschließbare Dose.
3. Bewahre den Beutel/die Dose für einige Tage im Kühlschrank auf. Nach dieser Zeit kannst du die Samen aussäen, die Kälteperiode hat den Keimprozess aktiviert.

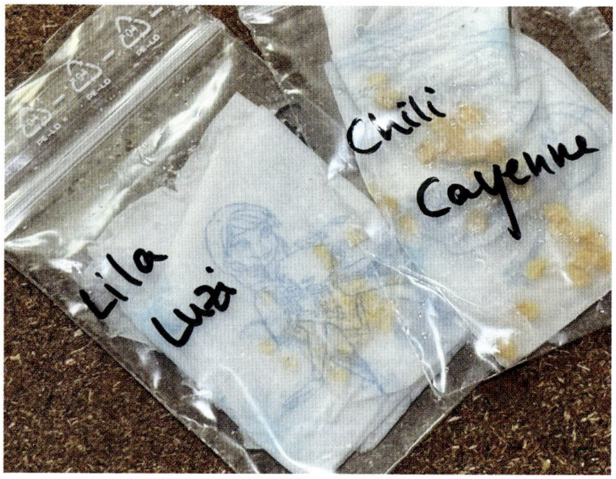

HINWEIS

Achte hier auf Licht- und Dunkelkeimer (siehe Seiten 46 und 47)! Wenn die Kühlschranktür geschlossen ist, ist es dunkel in deinem Kühlschrank, also wird dort kein Lichtkeimer keimen.

TIPP

Es ist immer ratsam, die Angaben auf der Saatgutverpackung zu überprüfen. Diese enthalten spezifische Informationen zur Keimtemperatur und anderen wichtigen Aussaatbedingungen, die dir helfen, den optimalen Keimprozess sicherzustellen.

AUSSAATTABELLE

PFLANZE	KEIMTEMPERATUR	KEIMDAUER
Asia-Salat	5–20 °C	3–5 Tage
Aubergine	22–28 °C	7–14 Tage
Basilikum	20–25 °C	5–10 Tage
Blumenkohl	15–20 °C	7–10 Tage
Brokkoli	15–20 °C	7–10 Tage
Busch- & Stangenbohne	18–24 °C	7–14 Tage
Chili	24–30 °C	14–28 Tage
Chinakohl	18–25 °C	6–8 Tage
Dill	15–20 °C	10–14 Tage
Eisbergsalat	10–18 °C	6–10 Tage
Endivie	12–25 °C	8–10 Tage
Erbse	10–15 °C	7–14 Tage
Feldsalat	5–20 °C	10–12 Tage
Fenchel	6–25 °C	14–28 Tage
Grünkohl	3–22 °C	6–8 Tage
Gurke	20–28 °C	7–10 Tage

PFLANZE	KEIMTEMPERATUR	KEIMDAUER
Kamille	15–20 °C	7–14 Tage
Kohlrabi	12–22 °C	5–8 Tage
Kopfsalat	10–15 °C	7–14 Tage
Kresse	5–25 °C	2–3 Tagen
Kürbis	20–28 °C	7–14 Tage
Lauch	8–20 °C	15–20 Tage
Lauchzwiebel	8–25 °C	15–20 Tage
Mais	20–25 °C	5–10 Tage
Mangold	6–22 °C	10–12 Tage
Melone	22–30 °C	7–14 Tage
Möhre	5–25 °C	14–21 Tage
Paprika	22–28 °C	14–21 Tage
Pastinake	6–25 °C	18–21 Tage
Peperoni	16–25 °C	14–21 Tage
Petersilie	15–20 °C	14–28 Tage
Pflück- & Schnittsalat	3–18 °C	6–10 Tage
Physalis	16–25 °C	8–10 Tage
Radieschen	3–22 °C	5–8 Tage
Rettich	8–25 °C	8–10 Tage
Ringelblume	15–20 °C	10–20 Tage
Rosenkohl	8–22 °C	5–8 Tage
Rote Bete	8–22 °C	10–14 Tage
Rotkohl	8–22 °C	5–8 Tage

PFLANZE	KEIMTEMPERATUR	KEIMDAUER
Rucola	3–18 °C	6–10 Tage
Salat	15–20 °C	7–14 Tage
Sellerie	15–20 °C	14–21 Tage
Sonnenblume	20–25 °C	7–10 Tage
Spinat	10–20 °C	10–14 Tage
Stangensellerie	18–25 °C	15–20 Tage
Thymian	15–20 °C	10–14 Tage
Tomate	20–25 °C	7–14 Tage
Weißkohl	8–22 °C	5–8 Tage
Wirsing	8–22 °C	5–8 Tage
Zitronenmelisse	15 20 °C	10–14 Tage
Zucchini	20–25 °C	7–10 Tage

HINWEIS

Diese Werte sind Durchschnitts- und meine Erfahrungswerte.

Diese Tabelle findest du auch im digitalen Workbook.

→ Das Verständnis von Warm- und Kaltkeimern ist entscheidend für eine erfolgreiche Gartenarbeit. Indem du die spezifischen Keimtemperaturen beachtest und die richtigen Bedingungen schaffst, legst du den Grundstein für eine reiche Ernte.

LICHT- UND DUNKELKEIMER

Ein weiterer wichtiger Aspekt bei der Aussaat ist das Wissen, ob die Pflanzen Licht- oder Dunkelkeimer sind. Dies hilft dir, den optimalen Aussaatprozess für eine erfolgreiche Keimung zu gestalten. Hier erkläre ich dir den Unterschied und gebe dir Tipps, wie du die Keimung erfolgreich durchführen kannst.

LICHTKEIMER

Lichtkeimer benötigen Licht, um zu keimen. Diese Pflanzen sollten nur leicht oder gar nicht mit Erde bedeckt werden, damit sie genügend Licht erhalten.

- Basilikum
- Kamille
- Salbei
- Dill
- Thymian
- Majoran
- Kresse
- Pimpinelle
- Zitronenmelisse
- Petersilie (leicht bedecken, aber lichtempfindlich)
- Salat (z. B. Endivie, Kopfsalat, Rucola)
- Sellerie
- Portulak

TIPPS ZUR AUSSAAT VON LICHTKEIMERN

- Säe die Samen auf die Erdoberfläche oder bedecke sie nur leicht mit einer dünnen Schicht Erde.
- Stelle die Aussaatschalen an einen hellen Standort, aber achte darauf, dass sie nicht direkt der prallen Sonne ausgesetzt sind.
- Halte den Boden gleichmäßig feucht, aber vermeide Staunässe.
- Ein bewährter Tipp ist, die Samen auf ein feuchtes Küchenpapier zu legen und dieses an einem hellen Platz aufzustellen. Sobald die Samen keimen, kannst du sie vorsichtig in die Erde setzen.

DUNKELKEIMER

Dunkelkeimer benötigen Dunkelheit, um zu keimen. Diese Samen müssen mit Erde bedeckt werden, damit sie keinen Lichtkontakt haben und ihre Keimung optimal abläuft.

- Busch- und Stangenbohne
- Erbse
- Kürbis
- Mais
- Möhre
- Paprika
- Sonnenblume
- Spinat
- Tomate
- Zucchini

TIPPS ZUR AUSSAAT VON DUNKELKEIMERN

- Bedecke die Samen mit einer Schicht Erde entsprechend der angegebenen Saattiefe.
- Stelle sicher, dass die Samen keinen Lichtkontakt haben, indem du sie ausreichend tief säst.
- Halte den Boden gleichmäßig feucht, aber vermeide Staunässe.
- Bedecke die Aussaatbehälter nach der Aussaat mit einem dunklen Tuch oder Pappe, um sicherzustellen, dass kein Licht eindringt. Entferne die Abdeckung, sobald die Keimlinge erscheinen. Ich persönlich lasse Tomaten, Paprika und Kürbis in einer Dose auf feuchtem Papier vorkeimen. Ich bedecke sie aber mit einem Tuch, damit die Samen eine dunkle Umgebung haben.

HINWEIS

Überprüfe immer die Angaben auf der Saatgutverpackung. Diese enthalten spezifische Informationen zur Keimtemperatur und den benötigten Bedingungen für eine erfolgreiche Keimung. Diese Angaben sind besonders wichtig, um die Keimung optimal zu gestalten.

→ Licht- und Dunkelkeimer zu verstehen ist wichtig, um eine gelungene Aussaat zu erzielen. Lichtkeimer benötigen Licht zur Keimung und sollten daher nur leicht oder gar nicht mit Erde bedeckt werden. Dunkelkeimer hingegen benötigen Dunkelheit und müssen mit Erde bedeckt werden. Indem du die spezifischen Bedingungen beachtest, legst du den Grundstein für eine erfolgreiche Gartenarbeit. Mit diesen Tipps und der Beachtung der Angaben auf der Saatgutverpackung bist du bestens gerüstet, um deinen Garten zum Blühen zu bringen.

RICHTIG PIKIEREN: SO WERDEN DEINE JUNGPFLANZEN STARK

Das Pikieren ist ein entscheidender Schritt in der Pflanzenaufzucht, bei dem Jungpflanzen vereinzelt und in größere Töpfe oder Beete umgesetzt werden. Dieser Prozess gibt den Pflanzen mehr Platz zum Wachsen und fördert ein starkes Wurzelwerk. Hier erfährst du, wie du richtig pikierst und welche Tipps und Tricks dabei helfen.

WARUM PIKIEREN?

- **Platz schaffen:** Nach der Keimung stehen die Pflanzen oft dicht gedrängt. Pikieren gibt ihnen den nötigen Raum.
- **Starke Wurzeln fördern:** Durch das Umpflanzen entwickeln die Pflanzen kräftigere Wurzeln.
- **Gesunde Pflanzen:** Das Vereinzeln reduziert die Konkurrenz der Pflanzen um Nährstoffe und Licht, wodurch sich ihr Wachstum verbessert.

WANN IST DER RICHTIGE ZEITPUNKT?

Pikieren erfolgt, wenn die Sämlinge die ersten echten Blätter, also die Blätter nach den Keimblättern, ausgebildet haben.

MATERIALIEN, DIE DU BENÖTIGST

- Ein Pikierstab zum behutsamen Herausheben der Sämlinge. Ein Bleistift, Löffelstiel oder kleiner Ast tun es aber auch.
- Kleine Pflanztöpfe oder Anzuchtschalen für die vereinzelten Pflanzen.
- Leichte, nährstoffreichere Erde, die den jungen Pflanzen einen optimalen Start ermöglicht.
- Eine Gießkanne mit feiner Brause oder mein Geheimtipp, die Ballbrause: Zum vorsichtigen Bewässern nach dem Pikieren.

ANLEITUNG ZUM PIKIEREN

1. **Vorbereitung**
   Wässere die Sämlinge einige Stunden vor dem Pikieren gut, um die Erde weicher zu machen.
2. **Herausheben**
   Mit dem Pikierstab oder einem anderen Hilfsmittel die Sämlinge vorsichtig aus der Erde heben. Achte darauf, die Wurzeln nicht zu beschädigen. Verworrene Wurzeln ganz vorsichtig voneinander lösen.
3. **Sortieren**
   Wähle die kräftigsten Sämlinge aus und entferne schwache oder verkümmerte Pflanzen.

4. Einpflanzen
Setze die Sämlinge in die vorbereiteten Töpfe oder Schalen. Achte darauf, die Wurzeln gut zu verteilen und die Pflanze nicht zu tief zu setzen. Manche Pflanzen wie Tomaten lieben es jedoch, tiefer gesetzt zu werden. Dadurch bilden sie noch mehr Wurzeln aus.

5. Gießen
Befeuchte die Erde vorsichtig, aber gründlich. Vermeide Staunässe.

6. Standort
Stelle die frisch pikierten Pflanzen an einen hellen, aber nicht zu sonnigen Ort. Achte darauf, Pflanzen zusammen zu pflanzen oder zu setzen, die ähnliche Nährstoff-, Licht- und Wärmeansprüche haben.

TIPPS UND TRICKS

- **Wurzelspitzen einkürzen:** Bei einigen Pflanzen kann das vorsichtige Einkürzen der Wurzelspitzen das Wurzelwachstum anregen. Bei meinem Porree kürze ich die Wurzeln immer um circa die Hälfte ein.
- **Schatten spenden:** In den ersten Tagen nach dem Pikieren die Pflanzen vor direkter Sonne schützen, um den Stress zu minimieren.
- **Etiketten:** Beschrifte die Töpfe oder Schalen mit dem Namen der Pflanze und im besten Fall dem Pikierdatum, um den Überblick zu behalten.

HÄUFIGE FEHLER VERMEIDEN

- **Zu dichtes Pflanzen:** Achte darauf, genügend Abstand zwischen den Pflanzen zu lassen, damit sie sich optimal entwickeln können.
- **Wurzeln beschädigen:** Gehe behutsam mit den Wurzeln um. Beschädigte Wurzeln können das Wachstum beeinträchtigen.
- **Über- oder Unterwässerung:** Finde das richtige Maß beim Gießen. Zu viel Wasser führt zu Staunässe, zu wenig lässt die Pflanzen vertrocknen.

→ Richtiges Pikieren erfordert etwas Übung, aber mit diesen Tipps und Tricks wirst du schnell Erfolge sehen. Deine Pflanzen werden kräftig und gesund heranwachsen und dir im Garten oder auf dem Balkon viel Freude bereiten.

AUSSAATKALENDER

Das Wissen, wann du welche Nutzpflanzen aussäen solltest, ist entscheidend für eine erfolgreiche Gartenarbeit. Dieser umfassende Aussaatkalender hilft dir dabei, deine Gartenplanung zu optimieren und die Erntezeit zu maximieren. Egal, ob du gerade anfängst oder schon viel Erfahrung hast, dieser Leitfaden bietet dir eine klare Übersicht über die besten Aussaatzeiten für verschiedene Kulturen.

JANUAR

In diesem Monat kribbelt es dir vielleicht bereits in den Fingern, aber es ist draußen noch zu kalt, um direkt ins Freiland zu säen. Allerdings kannst du bereits drinnen mit der Anzucht von folgenden Kulturen beginnen:

Asia-Salat, Blumenkohl, Chinakohl, Kohlrabi, Kopfsalat, Lauch, Möhre (frühe), Pak Choi, Paprika, Pflück- und Schnittsalat, Rotkohl, Spinat, Spitzkohl, Weißkohl, Wirsing

FEBRUAR

Auch im Februar gibt es oft noch Frost, deshalb solltest du immer noch ein wenig Geduld haben und folgende Kulturen im Haus vorziehen:

Asia-Salat, Aubergine, Blumenkohl, Chili, Eisbergsalat, Fenchel, Kohlrabi, Kopfsalat, Lauch, Mais, Mangold, Paprika, Pastinake, Peperoni, Pflück- und Schnittsalat, Physalis, Radieschen, Rettich, Rotkohl, Rucola, Sellerie, Weißkohl, Wirsing

Ende Februar kannst du bereits einige kältetolerante Vorkulturen direkt in dein Beet säen. Dazu gehören:

Dicke Bohne, Möhre (frühe), Lauchzwiebel, Rosenkohl

MÄRZ

Der Frühling beginnt und es können weitere Pflanzen vorgezogen werden:

Asia-Salat, Aubergine, Blumenkohl, Brokkoli, Busch- und Stangenbohne, Chili, Eisbergsalat, Fenchel, Kohlrabi, Kopfsalat, Lauch, Mais, Mangold, Melone, Paprika, Peperoni, Pflück- und Schnittsalat, Physalis, Radieschen, Rettich, Rotkohl, Rucola, Sellerie, Tomate, Weißkohl

Einige Vorkulturen dürfen bei langsam milder werdenden Temperaturen auch schon direkt in das Beet.

Asia-Salat, Dicke Bohne, Erbse, Lauchzwiebel, Möhre (frühe und späte), Pastinake, Radieschen, Rettich, Rosenkohl, Rote Bete, Rucola, Schwarzwurzel, Spinat

LEGENDE

Direktsaat **Voranzucht**

APRIL

Im April geht die Gartensaison richtig los. Viele Pflanzen können jetzt direkt ins Freiland gesät werden, einige brauchen noch den Schutz und die Wärme im Haus. Zu Letzteren zählen folgende:

Aubergine, Blumenkohl, Brokkoli, Busch- und Stangenbohne, Chili, Eisbergsalat, Fenchel, Gurke, Kopfsalat, Kürbis, Mais, Mangold, Melone, Paprika, Peperoni, Pflück- und Schnittsalat, Physalis, Rotkohl, Spitzkohl, Stangensellerie, Tomate, Weißkohl

TIPP: PFLANZEN ABHÄRTEN

Einer meiner wichtigsten Tipps: Härte deine Pflanzen ab! Vor allem Paprika und Tomaten stelle ich ab ca. 15–20 Grad fast täglich zunehmend länger raus. Ich starte meist mit einer Stunde täglich und steigere die Zeit. Zuerst in den Schatten, später in die Sonne. Dadurch werden sie an Sonne (Tomaten können Sonnenbrand kriegen) und Wind gewöhnt, werden stärker und gesünder und bekommen keinen Schock, wenn sie ausgepflanzt werden. Die gesamte Saison macht sich das durch gesundere und stärkere Pflanzen bemerkbar.

Wenn das Wetter bereits etwas wärmer ist und auch der Boden eine entsprechende Temperatur hat, kannst du einige Kulturen direkt ins Beet säen oder im Fall von Kartoffeln und Knoblauch stecken:

Asia-Salat, Aubergine, Blumenkohl, Brokkoli, Busch- und Stangenbohne, Dicke Bohne, Eisbergsalat, Erbse, Kartoffel, Knoblauch, Kohlrabi, Kopfsalat, Lauch, Lauchzwiebel, Mangold, Möhre (frühe und späte), Pastinake, Pflück- und Schnittsalat, Physalis, Radieschen, Rettich, Rosenkohl, Rote Bete, Rotkohl, Rucola, Schwarzwurzel, Spinat

MAI

Im Mai sind die Temperaturen schon wärmer, und es können viele weitere Pflanzen direkt ins Freiland gesät werden. Dazu zählen folgende:

Asia-Salat, Aubergine, Blumenkohl, Brokkoli, Busch- und Stangenbohne, Dicke Bohne, Eisbergsalat, Fenchel, Gurke, Kohlrabi, Kopfsalat, Kürbis, Lauch, Lauchzwiebel, Mais, Mangold, Melone, Möhre (späte), Pastinake, Pflück- und Schnittsalat, Radieschen, Rettich, Rote Bete, Rucola, Zucchini

Achte auf die Eisheiligen in der Mitte des Monats. In dieser Zeit kommen erfahrungsgemäß die letzten Spätfröste vor. Achte also darauf, dass die wärmeliebenden Pflanzen keinen Frost abbekommen.
Eine Anzucht im Haus ist nicht mehr zwingend notwendig. Ein schattiger Platz im Garten eignet sich hervorragend für die meisten Kulturen. Ich ziehe jedoch folgende Kulturen weiter vor, um Pflanzen, die bald abgeerntet sind, zu ersetzen:

Blumenkohl, Brokkoli, Erbse, Grünkohl, Gurke, Mais, Melone, Pflück- und Schnittsalat, Rucola, Tomate, Wirsing, Zucchini

TIPPS ZUR GURKENAUSSAAT

Durch diese Tipps werden deine Gurkenpflanzen stark und robust:

- Lass die Gurkensamen auf einem feuchten Tuch vorkeimen. Nach etwa drei Tagen sind sie bereit, in Töpfe gesetzt zu werden.
- Fülle die Töpfe nur zur Hälfte mit Erde, damit du später noch Erde dazugeben kannst. Gurken mögen das Umtopfen und Pikieren nicht, und so bilden sie am Stängel trotzdem mehr Wurzeln, bevor sie ausgepflanzt werden.
- Achte darauf, die Töpfe an einem warmen, hellen Ort zu platzieren, damit die Keimlinge optimal wachsen können.
- Sobald die Pflanzen kräftig genug sind, können sie ins Freie gesetzt werden.
- Vermeide Temperaturschwankungen und halte die Erde stets feucht, aber nicht nass. So werden deine Gurken optimal gedeihen!

JUNI

Auch im Frühsommer gibt es noch viele Möglichkeiten, neue Kulturen zu säen, um eine späte Ernte zu erzielen oder Lücken in den Beeten zu füllen. Im Juni ziehe ich einige Kulturen noch einmal in Töpfen vor, um bei eventuellen Opfern von Krankheiten oder Schädlingen einen Nachfolger pflanzen zu können:

Asia-Salat, Blumenkohl, Brokkoli, Erbse, Grünkohl, Gurke, Kohlrabi, Rucola, Zucchini

Kulturen, die jetzt direkt in das Beet gesät werden, brauchen eine gute Bewässerung, da sich sonst das Keimergebnis deutlich verschlechtert. Achte außerdem darauf, ob die Pflanzen einen Kältereiz benötigen. Das ist beispielsweise bei vielen Salaten und manchen Kohlarten der Fall (siehe Seite 43f.).

Asia-Salat, Blumenkohl, Brokkoli, Busch- und Stangenbohne, Chinakohl, Eisbergsalat, Fenchel, Grünkohl, Gurke, Kohlrabi, Kopfsalat, Lauchzwiebel, Mangold, Möhre (späte), Pflück- und Schnittsalat, Radieschen, Rettich, Rote Bete, Rucola, Wirsing, Zucchini

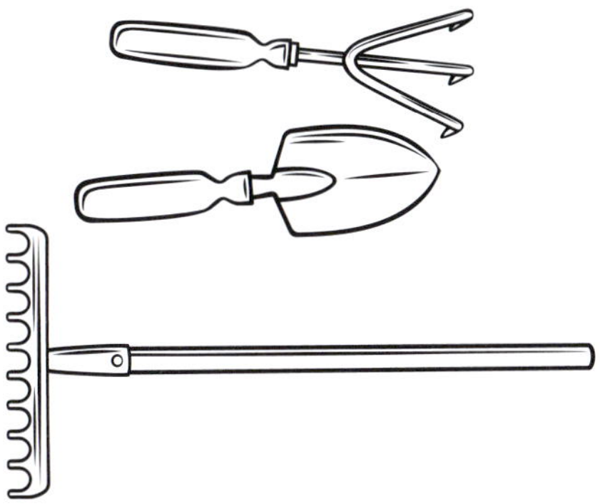

JULI

Im Juli herrscht meist Hitze, und trotzdem kann schon einiges vorgezogen werden, um Platz in den Beeten zu sparen:

Asia-Salat, Chinakohl, Erbse, Kohlrabi, Rucola, Wirsing

In die frei gewordenen Beete können im Juli einige Kulturen direkt gesät werden:

Asia-Salat, Brokkoli, Chinakohl, Endivie, Feldsalat, Fenchel, Grünkohl, Kohlrabi, Kopfsalat, Lauchzwiebel, Mangold, Pflück- und Schnittsalat, Radieschen, Rettich, Rote Bete, Rucola, Wirsing

AUGUST

Der August ist ein guter Monat, um für eine Herbst- und Winterernte zu planen. Per Direktsaat gesät werden jetzt die schnell wachsenden Kulturen für die Ernte zwischen Oktober und Februar:

Asia-Salat, Endivie, Feldsalat, Kohlrabi, Lauchzwiebel, Mangold, Pflück- und Schnittsalat, Radieschen, Rettich, Rucola, Spinat

SEPTEMBER

Die Herbstmonate sind ideal, um die letzten Pflanzen für das Jahr direkt in die Beete zu säen und den Garten auf den Winter vorzubereiten.

Asia-Salat, Feldsalat, Kopfsalat, Radieschen, Spinat, Wintersteckzwiebeln stecken, Knoblauch stecken

OKTOBER

Im Oktober kann es schon zu den ersten leichten Frösten kommen. Viele Beete werden frei, denn die Zeit der wärmeliebenden Pflanzen nähert sich dem Ende. Was du jetzt säst, wirst du erst im späten Winter oder Frühling ernten können. Lasse aber möglichst keine Beete über den gesamten Winter leer und fülle sie im Zweifel mit Gründüngung auf. Direkt ins Beet kannst du noch folgende Kulturen säen:

Asia-Salat, Feldsalat, Spinat, Wintersteckzwiebeln stecken

NOVEMBER & DEZEMBER

Im November und Dezember wird es Zeit, in Ruhe zu reflektieren, was im vergangenen Jahr in deinem Garten passiert ist. Du kannst noch einige Winterkulturen ernten und genießen. Außerdem ist jetzt der richtige Zeitpunkt, deine Beete für die kommende Saison zu planen, dein Saatgut zu sortieren und neues Saatgut zu bestellen.

ALLGEMEINE TIPPS FÜR DIE ANZUCHT UND DANACH

- **Keimtemperatur beachten:** Jede Pflanze hat eine optimale Keimtemperatur, die ich dir in der Tabelle auf den Seiten 43–45 vermerkt habe. Diese Information findest du auch in der Regel auf der Saatgutverpackung.
- **Anzucht drinnen:** Nutze Anzuchtschalen und kleine Töpfe, um Pflanzen drinnen vorzuziehen, bevor sie ins Freiland gesetzt werden. Anzuchtschalen können auch alte Verpackungsmaterialien sein. Achte jedoch darauf, dass sich nie Staunässe bildet.
- **Abhärten:** Bevor du Jungpflanzen ins Freiland setzt, härte sie ab, indem du sie tagsüber zuerst ein paar Stunden, später länger, nach draußen stellst und nachts wieder hereinholst. Dieser Prozess sollte etwa zwei Wochen dauern. Vor allem bei Tomaten, Paprika, Chili und Peperoni hat sich das bei mir sehr bewährt.
- **Fruchtfolge und Mischkultur:** Achte darauf, welche Pflanzen du nacheinander in das gleiche Beet setzt, um Bodenmüdigkeit zu vermeiden und Schädlinge zu reduzieren. Dies gilt vor allem für Beete, bei denen du nicht regelmäßig den Boden austauschst. Bei meinen Hochbeeten bin ich da meist etwas lockerer.
- **Wasserversorgung sicherstellen:** Achte darauf, dass deine Pflanzen regelmäßig Wasser bekommen, besonders während der Keimphase und in Trockenperioden.

AUSSAATTABELLE

D = Direktsaat   V = Voranzucht

	JANUAR	FEBRUAR	MÄRZ	APRIL	MAI	JUNI	JULI	AUGUST	SEPTEMBER	OKTOBER
Asia-Salat	V	V	D V	D	D	D V	D V	D	D V	D V
Aubergine		V	V	D V	D					
Blumenkohl	V	V	V	D V	D V	D V				
Brokkoli			V	D V	D V	D V	D			
Buschbohne			V	D V	D	D				
Chinakohl	V					D	D V			
Chili		V	V	V						
Dicke Bohne		D	D	D	D					
Eisbergsalat			V	D V	D	D				
Endivie							D	D V		
Erbsen			D	D	V	V	V			
Feldsalat							D	D	D	D V
Fenchel		V	V	V	D	D	D			
Grünkohl			V	V	V	D V	D			
Gurke				V	D V	D V				
Kartoffel				D						
Knoblauch				D					D	

	JANUAR	FEBRUAR	MÄRZ	APRIL	MAI	JUNI	JULI	AUGUST	SEPTEMBER	OKTOBER
Kohlrabi	🪴	🪴	🪴	🌿	🌿	🌿 🪴	🌿 🪴	🌿		
Kopfsalat	🪴	🪴	🪴	🌿 🪴	🌿	🌿	🌿		🌿	
Kürbis			🪴	🪴						
Lauch	🪴	🪴	🪴	🌿	🌿					
Lauchzwiebel		🌿	🌿	🌿	🌿	🌿	🌿	🌿		
Mais		🪴	🪴	🪴	🌿 🪴					
Mangold		🪴	🪴	🌿 🪴	🌿	🌿	🌿	🌱		
Melone			🪴	🪴	🌿 🪴					
Frühe Möhre	🪴	🌿	🌿	🌿						
Späte Möhre			🌿	🌿	🌿	🌿				
Pak Choi	🪴									
Paprika		🪴	🪴	🪴						
Pastinake		🪴	🌿	🌿	🌿					
Peperoni		🪴	🪴	🪴						
Physalis		🪴	🪴	🌿 🪴						
Radieschen		🪴	🌿 🪴	🌿	🌿	🌿	🌿	🌿	🌿	
Rettich		🪴	🌿 🪴	🌿	🌿	🌿	🌿	🌿		
Ringelblume			🪴	🪴	🌿 🪴	🌿	🌿	🌿	🪴	
Rosenkohl		🌿	🌿	🌿						
Rote Bete			🌿	🌿	🌿	🌿	🌿			
Rotkohl	🪴	🪴	🪴	🌿 🪴						

	JANUAR	FEBRUAR	MÄRZ	APRIL	MAI	JUNI	JULI	AUGUST	SEPTEMBER	OKTOBER
Rucola		🪴	🌱🪴	🌱🪴	🌱🪴	🌱🪴	🌱🪴	🌱🪴		
Schwarzwurzel			🌱	🌱						
Sellerie		🪴	🪴							
Spinat	🪴		🌱	🌱				🌱	🌱	🌱
Spitzkohl	🪴			🪴						
Stangenbohne			🪴	🌱🪴	🌱	🌱	🌱			
Steckzwiebel			🌱	🌱					🌱	🧅
Tomate			🪴	🪴	🪴					
Weißkohl	🪴	🪴	🪴	🪴						
Wirsing	🪴	🪴			🪴	🌱🪴	🌱🪴			
Zucchini				🪴	🌱🪴	🌱🪴	🌱			

Diese Tabelle findest du auch im digitalen Workbook.

DIE GESTAFFELTE AUSSAAT

Die gestaffelte Aussaat ist eine der effektivsten Techniken, um die Erntezeit deines Gemüses über einen möglichst langen Zeitraum zu strecken und gleichzeitig die Erträge zu maximieren. Sie besteht darin, ein Gemüse nicht nur einmal zu einem festen Termin auszusäen, sondern mehrmals in bestimmten Intervallen. Das verlängert das Erntefenster erheblich und sorgt dafür, dass du kontinuierlich frisches Gemüse aus deinem Garten ernten kannst, ohne dass alles auf einmal reif wird.

Beispielsweise kannst du Mitte Mai Buschbohnen säen und ab Mitte Juli bis Anfang/Mitte August ernten. Wenn du eine zweite Aussaat im Juni oder Juli vornimmst, kannst du die Erntezeit bis in den Oktober verlängern. Das sorgt nicht nur für eine gleichmäßigere Versorgung mit frischem Gemüse, sondern reduziert auch die Gefahr, dass du mehr erntest, als du verarbeiten oder lagern kannst. Das ist besonders nützlich für Sorten wie Salat, Radieschen oder Spinat, die in kurzer Zeit reifen und bei einer einmaligen großen Aussaat schnell verderben könnten.

VORTEILE DER GESTAFFELTEN AUSSAAT

- **Längere Erntezeiten:** Anstatt zu einer bestimmten Zeit eine große Menge zu ernten, kannst du über mehrere Wochen hinweg kleinere Mengen ernten, was eine gleichmäßige Versorgung ermöglicht.
- **Weniger Abfall:** Du vermeidest einen Überschuss an Gemüse, das gleichzeitig reif wird und möglicherweise nicht sofort verwertet oder haltbar gemacht werden kann.
- **Risikominderung:** Mehrere Aussaattermine verringern das Risiko von Totalausfällen durch Schädlinge, Krankheiten oder ungünstige Wetterbedingungen. Wenn beispielsweise die erste Aussaat von Gurken durch Schlechtwetter oder Mehltau beeinträchtigt wird, kann eine zweite Aussaat unter besseren Bedingungen gut gedeihen.
- **Anpassung an Wetter und Bodenbedingungen:** Durch mehrere Aussaaten zu unterschiedlichen Zeiten kannst du herausfinden, wann und unter welchen Bedingungen bestimmte Kulturen in deinem Garten am besten wachsen. Dies ist besonders wertvoll, wenn du verschiedene Sorten in unterschiedlichen Jahreszeiten ausprobierst.

SO FUNKTIONIERT DIE GESTAFFELTE AUSSAAT

Die Technik ist einfach umzusetzen: Du startest mit der ersten Aussaat zu dem regulären Zeitpunkt für die jeweilige Kultur, z. B. im Frühjahr, und säst dann in regelmäßigen Abständen – in der Regel alle zwei bis vier Wochen – nach. So kannst du bei schnell wachsenden Gemüsesorten wie Salat, Spinat oder Radieschen über einen längeren Zeitraum ernten, anstatt eine einmalige Ernte abzuwarten.

OPTIMALE KULTUREN FÜR DIE GESTAFFELTE AUSSAAT

- **Salat:** Durch eine gestaffelte Aussaat und die Auswahl geeigneter Sorten kann Salat fast das ganze Jahr über geerntet werden. Im Sommer sollten hitzeresistente Sorten gewählt werden, im Winter kann in Gewächshäusern oder mit Frostschutz gearbeitet werden.
- **Spinat:** Für eine kontinuierliche Ernte eignet sich Spinat hervorragend. Du kannst ihn ab dem frühen Frühjahr bis in den Herbst hinein in Abständen von 2 Wochen aussäen.
- **Radieschen:** Radieschen sind besonders schnellwüchsig und eignen sich daher perfekt für die gestaffelte Aussaat. Sie sind nach etwa 4–6 Wochen erntereif, sodass du durch regelmäßige Aussaat immer frische Radieschen hast.
- **Buschbohne:** Beginne mit der Aussaat im Mai und säe bis zum Hochsommer nach, um von Juli bis in den Oktober hinein frische Bohnen ernten zu können.
- **Erbse:** Säe die Erbsen ab März aus und wiederhole die Aussaat bis Anfang Juli, um eine gestaffelte Ernte von Mai bis September zu ermöglichen.
- **Zucchini:** Beginne mit der Aussaat ab April unter Glas oder ab Mitte Mai im Freiland. Säe bis Juni gestaffelt nach, um eine kontinuierliche Ernte von Juli bis in den Herbst zu gewährleisten.

PRAKTISCHE TIPPS

- **Kleine Mengen pro Aussaat:** Anstatt einmalig eine große Fläche mit einer Kultur zu bepflanzen, säe lieber mehrmals kleinere Mengen aus. So hast du nicht zu viel reifes Gemüse auf einmal und kannst kontinuierlich ernten.
- **Boden vorbereiten:** Zwischen den Staffelungen ist es wichtig, den Boden aufzulockern und zu düngen, um den nachfolgenden Pflanzen optimale Bedingungen zu bieten. Wie du dem Boden Nährstoffe zuführst, erkläre ich dir auf den Seiten 116 bis 119.
- **Wetter beachten:** Achte darauf, den Zeitpunkt der letzten Aussaat so zu wählen, dass die Pflanzen noch genug Zeit haben, um vor dem ersten Frost auszureifen. Späte Aussaaten kannst du mit Vlies oder Folien abdecken, um sie vor Kälteeinbrüchen zu schützen.

→ Durch die gestaffelte Aussaat kannst du nicht nur deine Erntezeiten optimieren, sondern auch flexibler auf unvorhergesehene Ereignisse wie Schädlinge oder Wetterumschwünge reagieren.

MISCHKULTUR

Mischkultur ist eine bewährte Methode, um deinen Garten nicht nur ertragreicher, sondern auch widerstandsfähiger zu machen. Durch das geschickte Kombinieren verschiedener Pflanzenarten in einem Beet nutzt du die natürlichen Stärken der Pflanzen und schaffst ein harmonisches Gleichgewicht. Dabei geht es nicht nur um das Sparen von Platz, sondern auch darum, die Bodengesundheit zu fördern, Schädlinge fernzuhalten und die Pflanzen optimal mit Nährstoffen zu versorgen.

VORTEILE

Ein großer Vorteil der Mischkultur ist die **gegenseitige Unterstützung der Pflanzen.** Manche Pflanzen halten durch ihren Geruch Schädlinge einer anderen Pflanze fern, wie zum Beispiel bei der Mischkultur von Möhren und Zwiebeln: Während der Möhrenfliege der Zwiebelduft unangenehm ist, wehrt der Duft der Möhren die Zwiebelfliege ab. Tagetes (Studentenblumen) wirken im Garten wahre Wunder, da sie Schädlinge fernhalten und gleichzeitig den Boden auflockern. Auch Pflanzen wie Knoblauch oder Lavendel vertreiben durch ihren intensiven Geruch viele Schädlinge. Setze sie gezielt neben empfindliche Pflanzen, um deren Abwehrkräfte zu stärken.

Andere Pflanzen **verbessern die Bodenqualität.** Bohnen zum Beispiel binden Stickstoff aus der Luft und reichern den Boden damit an. Diese Fähigkeit macht sie zu hervorragenden Partnern für Pflanzen mit hohem Nährstoffbedarf, wie z. B. Mais. Mais bietet den Bohnen wiederum eine natürliche Rankhilfe. So unterstützen sie sich gegenseitig und machen Dünger oft überflüssig.

Auch die Kombination von **Pflanzen mit unterschiedlichen Wurzeltiefen** ist sinnvoll. Während tiefwurzelnde Pflanzen wie Tomaten oder Pastinaken die tieferen Bodenschichten nutzen, sind die Wurzeln von flachwurzelnden Pflanzen wie Salat oder Radieschen nur in der obersten Erdschicht zu finden. So vermeiden sie Konkurrenz um Wasser und Nährstoffe, und du kannst **den vorhandenen Platz optimal nutzen.**

WEITERE HINWEISE

Wichtig bei der Mischkultur ist es, nicht zufällig Pflanzen zu mischen. Informiere dich vorher über gute und schlechte Nachbarschaften, denn manche Pflanzen vertragen sich nicht. Kohlgewächse gedeihen zum Beispiel nicht gut neben Tomaten, da sie unterschiedliche Bodenansprüche haben und sich gegenseitig in ihrem Wachstum hemmen können.
Insgesamt trägt die Mischkultur dazu bei, dass dein Garten widerstandsfähiger und gesünder wird. Die Vielfalt an Pflanzen zieht zudem mehr nützliche Insekten an, wie Bienen und Marienkäfer, die wiederum bei der Bestäubung und Schädlingsbekämpfung helfen. So schaffst du ein kleines, nachhaltiges Ökosystem in deinem Garten – ganz ohne chemische Mittel.

Wenn du Mischkultur anwendest, wirst du merken, dass deine Pflanzen weniger anfällig für Krankheiten und Schädlinge werden und sich die Ernte verbessert. Probiere es einfach aus – dein Garten wird es dir danken!

TIPP: BLATTLÄUSE BEKÄMPFEN

Trotz guter Mischkultur setzen sich manchmal Blattläuse an meine Pflanzen. Mit Marienkäferlarven hast du die ultimative Geheimwaffe. Sie sind an vielen Bäumen zu finden. Bei uns vor allem im Apfelbaum. Einfach vorsichtig mit einer Feder auf ein Blatt befördern und sanft an die Stelle mit der Blattlausinvasion schieben. Nach nur 2 Stunden werden alle Blattläuse weg sein. Es wird keine Chemie benötigt und es ist kostenlos! Das klappt auch mit ausgewachsenen Marienkäfern.

GUTE & SCHLECHTE NACHBARN

PFLANZE	GUTE NACHBARN	SCHLECHTE NACHBARN
Bohne	Bohnenkraut, Erdbeere, Gurke, Kartoffel, Kohlarten, Kohlrabi, Kopfsalat, Pflücksalat, Rote Bete, Sellerie, Tomate	Erbse, Fenchel, Knoblauch, Lauch, Zwiebel
Endivie	Fenchel, Kohlarten, Lauch, Stangenbohne	
Erbse	Dill, Fenchel, Gurke, Kohlarten, Kohlrabi, Kopfsalat, Mais, Möhre, Radieschen, Zucchini	Bohne, Kartoffel, Knoblauch, Lauch, Tomate, Zwiebel
Erdbeere	Borretsch, Buschbohne, Knoblauch, Kopfsalat, Lauch, Radieschen, Schnittlauch, Spinat, Zwiebel	Kohlarten
Fenchel	Endivie, Erbse, Feldsalat, Gurke, Kopfsalat, Pflücksalat, Salbei, Zuckerhut, Chicorée, Radicchio	Dill, Bohne, Kümmel, Tomate

PFLANZE	GUTE NACHBARN	SCHLECHTE NACHBARN
Gurke	Bohne, Dill, Erbse, Fenchel, Kohlarten, Kopfsalat, Koriander, Kümmel, Lauch, Mais, Rote Bete, Sellerie, Zwiebel	Radieschen, Tomate
Kartoffel	Dicke Bohne, Kamille, Kapuzinerkresse, Kohlarten, Kohlrabi, Kümmel, Mais, Meerrettich, Pfefferminze, Spinat, Tagetes	Erbse, Kürbis, Rote Bete, Sellerie, Sonnenblume, Tomate
Knoblauch	Erdbeere, Gurke, Himbeeren, Lilie, Möhre, Obstbäume, Rose, Rote Bete, Tomate, Tulpe	Erbse, Kohlarten, Stangenbohne
Kohlarten	Beifuß, Bohne, Dill, Endivie, Erbse, Kamille, Kartoffel, Kopfsalat, Koriander, Kümmel, Lauch, Mangold, Pfefferminze, Pflücksalat, Rote Bete, Sellerie, Spinat, Tomate	Erdbeere, Senf, Knoblauch, Zwiebel
Kohlrabi	Bohne, Erbse, Kartoffel	
Kopfsalat	Bohne, Dill, Erbse, Erdbeere, Fenchel, Gurke, Kerbel, Kohlarten, Kohlrabi, Kresse, Lauch, Mais, Möhre, Pfefferminze, Radieschen, Rote Bete, Schwarzwurzel, Spargel, Tomate, Zichoriensalate, Zwiebel	Petersilie, Sellerie
Lauch	Endivie, Erdbeere, Kamille, Kohlarten, Kohlrabi, Kopfsalat, Möhre, Schwarzwurzel, Sellerie, Tomate	Bohne, Erbse, Rote Bete
Mais	Bohne, Gurke, Kartoffel, Kopfsalat, Kürbis, Melone	
Mangold	Buschbohne, Kohlarten, Möhre, Radieschen, Rettich	
Meerrettich	Kartoffel, Obstbäume	
Möhre (Karotte)	Dill, Erbse, Knoblauch, Lauch, Mangold, Radieschen, Rettich, Rosmarin, Salbei, Schnittlauch, Schnittsalat, Schwarzwurzel, Tomate, Zichoriensalat, Zwiebel	
Pflücksalat/Schnittsalat	Dill, Fenchel, Kohlarten, Radieschen, Rettich, Rote Bete, Schwarzwurzel, Spargel, Tomate	

PFLANZE	GUTE NACHBARN	SCHLECHTE NACHBARN
Radieschen/Rettich	Bohne, Erbse, Kapuzinerkresse, Kohlarten, Kohlrabi, Kopfsalat, Kresse, Mangold, Möhre, Spinat, Tomate	Gurke
Rote Bete	Buschbohne, Dill, Gurke, Knoblauch, Kohlarten, Kohlrabi, Koriander, Kümmel, Pflücksalat, Zucchini, Zwiebel	Kartoffel, Lauch, Mais, Spinat
Schwarzwurzel	Kohlrabi, Kopfsalat, Lauch, Pflücksalat	
Sellerie	Buschbohne, Gurke, Kamille, Kohlarten, Lauch, Tomate	Kartoffel, Kopfsalat, Mais
Sonnenblume	Gurke	Kartoffel
Spargel	Gurke, Kopfsalat, Petersilie, Pflücksalat, Tomate	Knoblauch, Zwiebel
Spinat	Erdbeere, Kartoffel, Kohlarten, Radieschen, Rettich, Sellerie, Stangenbohne, Tomate	
Tomate	Basilikum, Buschbohne, Kapuzinerkresse, Knoblauch, Kohlarten, Kohlrabi, Kopfsalat, Lauch, Mais, Möhre, Petersilie, Pflücksalat, Radieschen, Rettich, Rote Bete, Sellerie, Spinat, Zichoriensalat	Erbse, Fenchel, Kartoffel
Zichoriensalat	Fenchel, Kopfsalat, Möhre, Stangenbohne, Tomate	
Zucchini	Kapuzinerkresse, Mais, Rote Bete, Stangenbohne, Zwiebel	
Zwiebel	Bohnenkraut, Dill, Erdbeere, Gurke, Kamille, Kopfsalat, Möhre, Rote Bete, Schwarzwurzel, Zichoriensalat	Bohne, Erbse, Kohlarten

Diese Tabelle findest du auch im digitalen Workbook.

DIE BEDEUTUNG DER FRUCHTFOLGE IM NUTZGARTEN

Wenn du in deinem Freilandgarten erfolgreich arbeiten möchtest, ist eine durchdachte Fruchtfolge dein bester Freund. Sie schützt nicht nur den Boden, sondern sorgt auch dafür, dass deine Pflanzen kräftig und gesund wachsen. Hier erfährst du, wie du mit einem klugen Wechsel von Pflanzenfamilien deinem Garten die besten Bedingungen bieten kannst.

WARUM IST FRUCHTFOLGE WICHTIG?

Die Fruchtfolge bedeutet, dass du über mehrere Jahre hinweg unterschiedliche Pflanzen auf demselben Beet anbaust. Das klingt vielleicht simpel, hat aber enorme Vorteile:

- **Bodengesundheit und Nährstoffregeneration:** Unterschiedliche Pflanzen haben unterschiedliche Bedürfnisse. Stell dir vor, du pflanzt im ersten Jahr starkzehrende Pflanzen wie Kohl, Tomaten oder Kartoffeln. Diese brauchen viele Nährstoffe. Im darauffolgenden Jahr setzt du dann Mittel- oder Schwachzehrer wie Möhren oder Erbsen. Auf diese Weise gibst du dem Boden die Chance, sich zu regenerieren und seine Fruchtbarkeit zu bewahren.
- **Schädlings- und Krankheitsbekämpfung:** Bestimmte Pflanzen ziehen spezielle Schädlinge und Krankheiten an. Wenn du regelmäßig wechselst, verringerst du die Wahrscheinlichkeit, dass diese Schädlinge sich ausbreiten. So bleibst du von unschönen Überraschungen und Ernteausfällen verschont.
- **Nachhaltigkeit:** Eine durchdachte Fruchtfolge fördert die Vielfalt in deinem Garten und schafft ein harmonisches Ökosystem.

KONSEQUENZEN BEI MISSACHTUNG DER FRUCHTFOLGE

Wenn du die Fruchtfolge vernachlässigst, kann das für deinen Garten einige unangenehme Folgen haben:

- **Nährstoffmangel:** Wenn du immer die gleichen Pflanzen an der gleichen Stelle anbaust, wird der Boden erschöpft, und das kann zu schwachem Wachstum und geringeren Erträgen führen.
- **Krankheiten und Schädlinge:** Die Ansammlung von schädlichen Organismen im Boden kann dazu führen, dass du eine hohe Anzahl an Schädlingen und Erkrankungen bekommst. Einige Pflanzen können über Jahre hinweg unter bestimmten Krankheiten leiden, was die Ernte ernsthaft gefährden kann.
- **Verminderte Biodiversität:** Wenn du dich auf wenige Pflanzenarten beschränkst, wird die Vielfalt in deinem Garten sinken. Das kann negative Auswirkungen auf das gesamte Ökosystem haben

BEISPIELE FÜR GUTE FRUCHTFOLGEN

Hier ist ein einfaches Beispiel für eine gelungene Fruchtfolge, die du ausprobieren kannst:

- **Erstes Jahr:** Starkzehrer wie Kohl, Tomaten oder Kartoffeln
- **Zweites Jahr:** Mittelzehrer wie Möhren, Zwiebeln oder Fenchel
- **Drittes Jahr:** Schwachzehrer wie Erbsen, Bohnen oder Salat
- **Viertes Jahr:** Eine Anbaupause oder Gründüngung mit Pflanzen wie Klee oder Senf.

→ Indem du mindestens vier Beete anlegst und die Fruchtfolge sorgfältig planst, schaffst du die besten Voraussetzungen für einen gesunden Boden und eine ertragreiche Ernte. Mach dich bereit, das volle Potenzial deines Gartens auszuschöpfen!

KAPITEL 4

BUNTE HOCHBEETE

In diesem Kapitel zeige ich dir, wie du deinen Garten in ein wahres Paradies verwandelst – mit mehr Ernte auf kleinstem Raum. Ich nehme dich an die Hand und erkläre dir Schritt für Schritt, wie du durch die intensive Bepflanzung das Beste aus deinem Beet herausholst.

INTENSIVE BEPFLANZUNG: MEHR ERTRAG AUF KLEINER FLÄCHE

Wenn du genauso wie ich jemand bist, der sich gern an Regeln hält, dann hast du vielleicht auch am Anfang die Anweisungen auf den Pflanzenetiketten wie ein Gesetz angesehen. So ging es mir zumindest, als ich mit dem Gärtnern anfing. Ich pflanzte meine Tomaten im vorgegebenen Abstand – genau einen Meter voneinander entfernt – in hübschen Zickzack-Reihen. Das Ergebnis? In meinem kleinen Beet hatten gerade einmal vier Tomatenpflanzen Platz. Mehr ging einfach nicht.

Es dauerte nicht lange, bis ich erkannte, dass das ein Fehler war. Nach monatelangem Warten konnte ich nur eine Handvoll Tomaten ernten – der Ertrag war mager, und ich dachte, vielleicht habe ich keinen grünen Daumen. Doch schnell wurde mir klar, was wirklich falsch lief: Der viele freie Raum zwischen den Pflanzen! Der ungeschützte Boden trocknete in der Sommerhitze rasend schnell aus, und ich musste ständig gießen, manchmal sogar zweimal am Tag.
Und das Unkraut! Die Natur lässt leeren Boden nicht ungenutzt. Schnell wuchsen dort unerwünschte Pflanzen, die sich Licht, Wasser und Nährstoffe mit meinen Tomaten teilten. Bald stand mehr Unkraut als alles andere in meinem Garten.

Dann kam mir eine Idee: Wenn der leere Boden so schwer zu bewirtschaften ist und ohnehin kleinere Pflanzen dort wachsen, warum nicht bewusst solche Pflanzen setzen, die ich auch nutzen kann? Also begann ich, um meine Tomaten herum kleinere Pflanzen zu setzen. Und was soll ich sagen? Es hat funktioniert! Nicht perfekt, aber viel besser, als starr nach den Pflanzenetiketten zu arbeiten.

Auf diese Weise, und zusätzlich inspiriert durch andere Instagram-Gärtner*innen, entstand meine Methode des intensiven Bepflanzens, die ich noch immer verfeinere. Bist du mutig genug, die Abstandsregeln (die allerdings eher Vorschläge sind) zu ignorieren?

WAS IST INTENSIVES BEPFLANZEN?

Intensives Bepflanzen bedeutet, deine Pflanzen im Garten dichter zusammenzusetzen als es die typischen Abstandsangaben empfehlen. Die Abstandsregeln sind oft für große Felder oder weitläufige Gärten gedacht – nicht für dein kleines Hochbeet zu Hause.

WARUM FUNKTIONIERT INTENSIVES BEPFLANZEN IM HOCHBEET?

Diese Methode eignet sich meiner Meinung nach nur für Hochbeete, da die Pflanzen hier tiefer wurzeln können und nach oben wachsen, wenn du stabile Rankhilfen verwendest. Durch die nährstoffreiche Erde im Hochbeet haben deine Pflanzen alles, was sie brauchen. Bei normalen Gartenbeeten im Boden solltest du jedoch weiter auf die Abstandsregeln achten.

→ Mit der Methode des intensiven Bepflanzens wirst du lernen, deinen Garten optimal zu nutzen und eine reiche Ernte auf kleinem Raum zu erzielen. Trau dich, die Regeln zu brechen, und betrachte deinen Garten als Experimentierfeld. Am Ende zählt nur eines: Dein Garten, deine Regeln!

VORTEILE DES INTENSIVEN BEPFLANZENS

WENIGER NACKTER BODEN

Ein großer Vorteil des intensiven Pflanzens ist, dass kaum noch nackter Boden vorhanden ist. Leerer Boden ist im Garten ein absolutes No-Go. Er trocknet schneller aus, verliert rasch Nährstoffe und bietet Unkraut eine ideale Fläche, um sich auszubreiten.

Intensives Pflanzen wirkt hier wie eine lebende Decke: Die Pflanzen schützen den Boden, helfen dabei, Wasser und Nährstoffe zu speichern, und beseitigen das Problem des freien Bodens fast vollständig. Ich gieße meinen Garten deutlich weniger als jene Gärtner*innen, die ihre Pflanzen weit auseinandersetzen.

GRÖSSERE PFLANZENVIELFALT

Ein weiterer Vorteil ist die Vielzahl an Pflanzen, die du in deinem Garten unterbringen kannst. Stell dir vor, du hast nur eine einzige Pflanzenart in deinem Hochbeet. Viele Gärtner*innen halten sich so streng an die Abstandsregeln, dass sie die Chance verpassen, mehr Vielfalt in ihren Garten zu bringen. Mit nur einer Pflanzenart bleibt viel Platz ungenutzt, und es besteht ein höheres Risiko für Schädlingsbefall. Schädlinge können leicht von Pflanze zu Pflanze wandern, weil sie nichts aufhält. Ich wurde kreativer und fing an, Kräuter und Blumen an die Ränder meiner Hochbeete zu setzen. Zwischen die großen Pflanzen kamen kleinere wie Blattgemüse. So konnte ich Dutzende Pflanzenarten an einem Ort anbauen, der früher nur für eine einzige vorgesehen war. Und falls eine Pflanze in einer Saison nicht gedeiht, habe ich immer noch einen Ertrag von den anderen.

GRÖSSERE ERNTE

Mit intensiver Bepflanzung bekommst du nicht nur mehr Vielfalt, sondern auch mehr regelmäßige Ernten. Denke an große Pflanzen wie Auberginen oder Melonen, die oft 60 bis 90 Tage brauchen, um zu reifen. Während dieser Zeit pflegst du sie und wartest auf die große Ernte. Wenn du jedoch kleine und mittelgroße Pflanzen um die großen Pflanzen herum anbaust, kannst du während dieser Wartezeit von den kleineren Pflanzen ernten. In einem meiner Hochbeete kann ich täglich Schnittlauch, Blattsalate und Radieschen ernten, während die Tomaten langsam reifen. So bleibt der Garten immer spannend.

ÄSTHETISCHE ANZIEHUNGSKRAFT

Für mich ist ein intensiv bepflanztes Beet weitaus ansprechender als ein spärlich bepflanztes oder eines mit nur einer Pflanzenart. Die bunte Vielfalt und das Zusammenspiel der verschiedenen Pflanzen machen den Garten nicht nur produktiv, sondern auch schön.

Vorteile im Überblick:

- **Gesündere Beete:** Ein dichter bepflanztes Hochbeet ist oft robuster und gesünder.
- **Weniger gießen:** Dicht beieinanderstehende Pflanzen schützen den Boden vor Austrocknung.
- **Weniger Unkraut:** Kaum Platz für Unkraut – deine Nutzpflanzen beanspruchen alles für sich.
- **Natürliche Bedingungen:** Die Pflanzen wachsen ähnlich wie in der Natur dicht zusammen.
- **Schädlingen vorbeugen:** Durch Mischkultur werden Schädlinge abgewehrt.
- **Gegenseitige Unterstützung:** Manche Pflanzen fungieren als Stütze für andere und kleinere Pflanzen profitieren vom Schatten der größeren.
- **Insektenfreundlichkeit:** Nützliche Insekten werden angelockt.
- **Mehr Nährstoffe in der Erde:** Bestimmte Pflanzen reichern den Boden mit wertvollen Nährstoffen an. Darüber hinaus holen tiefwurzelnde Pflanzen Nährstoffe aus tieferen Bodenschichten, sodass für die flachwurzelnden Pflanzen genug an der Oberfläche vorhanden sind.

→ Vielleicht bist du jetzt schon überzeugt, das intensive Bepflanzen auszuprobieren. Aber bevor du loslegst, lies dir noch die Nachteile durch, um zu wissen, worauf du dich einlässt.

NACHTEILE DES INTENSIVEN PFLANZENS

Auch wenn intensives Pflanzen viele Vorteile hat, gibt es einige Dinge, die es ein wenig kniffliger oder zeitaufwendiger machen können.

MEHR AUFMERKSAMKEIT ERFORDERLICH

Ein intensiv bepflanztes Beet benötigt mehr Pflege als ein konventioneller Garten. Du musst öfter nach deinen Pflanzen sehen, sicherstellen, dass jede genug Platz hat, ausreichend Licht bekommt und sich gut entwickeln kann. Wöchentlich, manchmal auch mehrmals die Woche, gehe ich durch meinen Garten und schneide zurück, ernte und sorge dafür, dass jede Pflanze gut gedeiht.

REGELMÄSSIGES ZURÜCKSCHNEIDEN

Wenn das Zurückschneiden nicht deine Lieblingsaufgabe im Garten ist, könnte intensives Pflanzen eine Herausforderung für dich sein. Bei dicht nebeneinanderstehenden Pflanzen musst du regelmäßig die älteren Blätter und Triebe entfernen, damit die kleineren Pflanzen genügend Licht und Raum bekommen. Wenn du das nicht tust, können große Pflanzen wie Kohl die kleineren Pflanzen wie einen jungen Mangold beschatten.

MANCHMAL MUSS MAN PFLANZEN ENTFERNEN

Wenn die Pflanzen zu dicht stehen, kann es sein, dass du einige entfernen musst, um Platz für die wichtigsten Pflanzen zu schaffen. Das kann schwerfallen, besonders wenn du an jeder Pflanze hängst, aber es ist notwendig, um den Rest optimal wachsen zu lassen.

FEHLER GEHÖREN DAZU

Beim intensiven Pflanzen wirst du Fehler machen. Das gehört dazu. Einige Pflanzen werden nicht gedeihen, andere werden weniger Ertrag bringen als erwartet. Aber das ist okay! Du lernst daraus und hast trotzdem am Ende eine größere Ernte, als wenn du den Abstandsregeln gefolgt wärst.

→ Für mich überwiegen die Vorteile des intensiven Pflanzens eindeutig die Nachteile. Aber am Ende entscheidest du, was am besten zu dir und deinem Garten passt. Wenn du bereit bist, es auszuprobieren, lass uns gemeinsam tiefer in die Methode eintauchen!

DIE INTENSIVE BEPFLANZUNG PLANEN

Das intensive Bepflanzen ist eine Methode, die darauf abzielt, so viel Ertrag wie möglich aus jedem Quadratzentimeter deines Hochbeets herauszuholen. Es erfordert Mut, die traditionellen Pflanzabstände zu ignorieren und kreative Wege zu finden, um den Platz optimal zu nutzen. In den folgenden Abschnitten wirst du sehen, dass das Brechen der Regeln tatsächlich dein größter Vorteil sein kann. Beginnen wir mit der Einteilung der Pflanzen, basierend auf ihrem Platzbedarf.

SEHR KLEINE PFLANZEN

Diese winzigen Pflanzen benötigen nur 6 bis 9 cm im Durchmesser und sind ideal für die engsten Ecken in deinem Hochbeet. Du kannst 12 bis 16 (3 x 4 oder 4 x 4) von ihnen auf einem 30 x 30 cm großen Abteil unterbringen.

Beispiele:

- Möhre
- Radieschen
- Rote Bete
- Kleine Salate
- Zuckerschote und Erbse (entlang der Beetkanten)

KLEINE PFLANZEN

Diese Gruppe nimmt etwas mehr Platz in Anspruch, etwa 10 bis 13 cm im Durchmesser. In einem 30x30 cm großen Abschnitt kannst du 6 bis 9 Pflanzen platzieren.

Beispiele:

- Romanasalat
- Rucola
- Spinat
- Schnittlauch
- Knoblauch
- Zwiebel

MITTELGROSSE PFLANZEN

Diese Pflanzen benötigen etwa 20 bis 23 cm Platz und passen gut in Vierergruppen in einen 30x30 cm großen Bereich. Dabei bleibt noch etwas Platz für kleinere Pflanzen an den Rändern.

Beispiele:

- Mangold
- Basilikum
- Paprika
- Buschbohne

GROSSE PFLANZEN

Große Pflanzen beanspruchen ihren eigenen Abschnitt von 30x30 cm. Sie sind oft die zentralen Akteure in deinem Beet.

Beispiele:

- Kohl
- Grünkohl
- Tomate
- Aubergine
- Gurke

SEHR GROSSE PFLANZEN

Diese Pflanzen baue ich nicht in meinem Hochbeeten an, da sie zu viel Platz beanspruchen. Sie eignen sich besser für den Anbau im Freiland.

Beispiele:

- Brokkoli
- Blumenkohl
- Zucchini
- Kürbis
- Kartoffel
- Wirsing

TIPP

Ein wichtiger Bestandteil meiner Hochbeete sind essbare Blumen. Diese nicht nur dekorativen, sondern auch nützlichen Pflanzen wie Ringelblumen, Hornveilchen, Löwenmäulchen, Studentenblumen, Cosmeen, Salbei, Kornblumen und Vergissmeinnicht sind eine Bereicherung für jedes Beet. Sie locken Nützlinge an, schrecken Schädlinge ab und können zudem in der Küche verwendet werden. Ihre Farbenpracht verleiht dem Hochbeet einen besonderen Reiz und macht es zu einem echten Blickfang im Garten.

Diese Übersicht findest du auch im digitalen Workbook.

SCHRITT FÜR SCHRITT ZUR INTENSIVEN BEPFLANZUNG

SCHRITT 1: AUFRÄUMEN

Wir beginnen mit dem Aufräumen. Befreie den Boden an den Stellen, wo du pflanzen willst, von Ablagerungen und Beikräutern. Das geht entweder mit der Hand oder einem kleinen Rechen. Schneide die älteren, unteren Blätter der bereits wachsenden Pflanzen ab. Dies ist sowohl der erste Schritt zur intensiven Bepflanzung als auch ein allgemeiner Pflegetipp, da alte Blätter und Ablagerungen Schädlinge anziehen. Gleichzeitig schaffst du Platz für die neuen Pflanzen der kommenden Saison.

SCHRITT 2: ERNTEN

Halte deine Gartenschere aus dem ersten Schritt griffbereit. Bevor du neue Pflanzen hinzufügst, ernte alles, was reif ist. So schaffst du Platz für neue Pflanzen in der aktuellen oder kommenden Anbausaison.
Pflanzen werden geopfert, wenn mehr Platz benötigt wird. Nicht alles muss zur vollen Reife wachsen, und das ist in Ordnung. Mach Platz für eine neue Pflanze, die besser gedeihen wird.

SCHRITT 3: KOMPOST HINZUFÜGEN

Nachdem du Platz geschaffen hast, füge eine Schicht Kompost hinzu, um sicherzustellen, dass der Boden genügend Nährstoffe für die neuen Pflanzen und die bereits wachsenden Pflanzen enthält. Verteile eine 2–7 cm dicke Schicht Kompost in den Bereichen, wo du neue Pflanzen setzen möchtest.

SCHRITT 4: NEUE PFLANZEN EINSETZEN

Jetzt ist es an der Zeit, neue Pflanzen einzupflanzen. Beginne immer mit den größeren Exemplaren, denn es ist wichtig, dass eine Pflanze, die viel Platz benötigt und lange wächst, zuerst einen festen Platz zum Wachsen erhält. Anschließend kannst du die umliegenden freien Flächen mit kleineren, schnell wachsenden Pflanzen füllen.

Wenn du Setzlinge hinzufügst, grabe ein Loch, das tiefer ist, als du benötigst, und lockere den Boden für die neue Pflanze. Dieses Loch sollte doppelt so breit sein wie der Wurzelballen der Pflanze. Achte darauf, die Wurzeln der benachbarten Pflanzen nicht zu schädigen. Nimm deine Pflanze aus dem Behälter und lockere vorsichtig die Wurzeln mit den Fingern, bevor du sie ins Loch setzt.

HINWEIS

Es kann sein, dass eine ältere Pflanze etwas Schatten auf eine neu hinzugefügte Pflanze wirft. Das ist in Ordnung; ein wenig Schatten ist willkommen, während sich die neue Pflanze einlebt, und die alte Pflanze wird wahrscheinlich bald aus dem Garten entfernt.

Du könntest beispielsweise junge Cherrytomatenpflanzen, die du drinnen vorgezogen hast, direkt neben deine Zuckererbsenpflanzen setzen. Die Tomatenpflanzen werden etwa 30 cm weit auseinander entlang der Basis deines Spaliers gestaffelt, auch wenn es so aussieht, als ob sie keinen Platz haben, um die Seiten hochzuklettern, bis die Erbsenpflanzen aus dem Garten kommen.

SCHRITT 5: BEWÄSSERN

Vergiss nicht, die neuen Pflanzen regelmäßig und gründlich zu gießen. Insbesondere in den ersten Wochen nach dem Einpflanzen ist das entscheidend.

TIPPS

- Pflanze immer etwas Neues, wenn eine alte Pflanze aus deinem Beet verschwindet: Vermeide, dass erntereife Pflanzen aus deinem Garten kommen und nichts da ist, um sie zu ersetzen. Dann müsstest du Monate warten, bis die nächste Pflanze wächst. Ziel ist es, eine Drehtür in deinem Garten zu schaffen – etwas kommt hinein, während etwas anderes hinausgeht.
- Es gibt keine Neustarts, nur Übergänge: Jede Saison ist kein kompletter Neustart, sondern ein schrittweiser Wechsel, während du erntest, neue Pflanzen hinzufügst und weiter erntest. Bei der Übergangszeit zwischen kühlen und warmen Jahreszeiten kannst du mehrere Wochen lang von Pflanzen wie Salaten, Radieschen und Kohl ernten, während deine Paprika und Tomaten bereits für ihre Wachstumsperiode etabliert werden.

So kannst du beispielsweise eine große Pflanze wie Aubergine, eine andere große Pflanze wie Grünkohl (der durch häufige Ernten klein gehalten werden kann) und mehrere mittelgroße Pflanzen wie Paprika in ein Beet setzen, das bereits mit Pflanzen der letzten Saison gefüllt ist. Vergiss nicht, auch einige kleine Blumen in die Ecken deiner Hochbeete zu setzen, um die fruchttragenden Pflanzen zu unterstützen.

WÖCHENTLICHE PFLEGEAUFGABEN

Der schöne Teil des intensiven Pflanzens ist, dass die Arbeiten, die viele Gärtnerinnen und Gärtner fürchten, wie Unkrautjäten und Düngen, nicht mehr im Mittelpunkt stehen. Wir müssen nicht jäten, wir schneiden einfach. Und das meiste, was wir beschneiden, ist essbar. Das bedeutet, dass du viele köstliche Dinge frisch aus dem Garten genießen kannst.

AUFGABE 1: BESCHNEIDEN

Schneide regelmäßig die unteren und äußeren Blätter ab. So bleibt der Garten luftig und die Pflanzen konzentrieren ihre Energie auf neues Wachstum. Alles, was du abschneidest, kannst du in der Küche verwenden – der Garten gibt und gibt.

AUFGABE 2: ERNTEN

Ernte kontinuierlich, das ist deine Hauptaufgabe und der Schlüssel zu einem immer produktiven Garten. Selbst wenn du gerade erst anfängst, kannst du kleine Blätter von Kräutern und Salatgrün ernten, während du wartest, bis die größeren Pflanzen reif sind. So kannst du jede Woche frische, leckere Salate genießen. Kleine Mengen frisches Grün ermutigen dich, regelmäßig im Garten zu arbeiten und dein geerntetes Gemüse zu genießen.

AUFGABE 3: NACHPFLANZEN

Ich habe gelernt, dass es besser ist, verschiedene Pflanzen in unterschiedlichen Wachstumsstadien im Garten zu haben. Daher solltest du jede Woche ein paar Pflanzen hinzufügen, anstatt alle auf einmal zu setzen. Immer wenn sich im Garten ein leerer Platz eröffnet, nutze die Gelegenheit, dort etwas Neues zu pflanzen.

AUFGABE 4: ENTFERNEN

Pflanzen, die ihre beste Zeit hinter sich haben oder nicht mehr gut wachsen, solltest du rechtzeitig entfernen. So schaffst du Platz für neue, produktivere Pflanzen. Vielleicht schießen diese Pflanzen in die Blüte, haben Schwierigkeiten oder produzieren einfach nicht gut für dich. Wenn es dir schwerfällt, etwas zu entfernen, denke daran, was du in diesem Raum anstelle dessen anbauen und ernten kannst.

TIPP: DIE NO-TILL-METHODE

Die beste Methode, Pflanzen zu entfernen, ist die No-till-Methode. Wenn du Pflanzen mit Wurzeln und allem hochziehst, riskierst du, die Wurzeln benachbarter Pflanzen zu stören. Mit der No-till-Methode entfernst du hingegen nicht mehr produktive Pflanzen, ohne benachbarte Exemplare oder den Boden zu stören, und schaffst Platz für das nächste leckere Gemüse, das du anbauen möchtest. Verwende dazu eine saubere Gartenschere, um die Pflanze direkt über der Erdoberfläche abzuschneiden. Bedecke die verbleibenden Stängel mit einer großzügigen Schicht Kompost.

Der einzige Nachteil dieser Methode ist, dass einige abgeschnittene Stängel im Boden zurückbleiben, um die du herumpflanzen musst.

AUFGABE 5: LERNEN

Um intensives Pflanzen erfolgreich zu gestalten, darf man vor Misserfolgen keine Angst haben. Sei bereit, Pflanzen an Orte zu setzen, die du vorher nicht in Betracht gezogen hast. Wenn etwas nicht gut läuft, lernst du daraus und kannst hoffentlich weiterhin von den anderen Pflanzen ernten.

Ich habe das schon einmal gemacht. Ich habe Kürbis- und Wassermelonenpflanzen am Rand meiner Hochbeete wachsen lassen, sodass die Ranken und schließlich die schweren Früchte über die Seite hängen. Sie wachsen zur Gehwegseite und nicht in Richtung der anderen Pflanzen im Beet. Ich weiß, dass das scheitern könnte, und das ist für mich in Ordnung. Ein Grund, warum ich im Garten so viel Freude habe, ist, dass ich unkonventionell sein kann. Ich folge nicht unbedingt den traditionellen Methoden anderer Gärtner*innen. Ich fordere dich hiermit heraus, in deinem Garten kreativ zu sein und neue Dinge auszuprobieren. Gärtnern bedeutet, zu lernen, die eigenen Fähigkeiten zu entwickeln und die Magie des Wachstums der Pflanzen zu erleben. Gestalte deinen Garten so schön und interessant wie möglich, damit du dich darauf freust, nach draußen zu gehen und zu sehen, was geschieht.

UND NUN BIST DU DRAN!

Diese Seiten zum intensiven Bepflanzen haben nun die Geheimnisse gelüftet, wie du viele Pflanzen in einem kleinen Hochbeet unterbringen kannst. Ich hoffe du wurdest dazu inspiriert, auch in deinem eigenen Garten intensiv zu pflanzen.

Wenn du mit dem intensiven Pflanzen beginnst, wird jeder Tag im Garten zu einem spannenden Experiment. Es gibt kein richtig oder falsch, wenn es darum geht, die Abstandsregeln für Pflanzen zu brechen, und der Regelbefolger in dir wird möglicherweise Schwierigkeiten haben, sich gegen die Regeln zu stellen. Aber ich fordere dich heraus, dich mir anzuschließen und deinen Garten so voll wie möglich zu bepflanzen. Nach mehreren Saisons der intensiven Bepflanzung wirst du ein gutes Gleichgewicht dafür finden. Es gibt immer noch Saisons, in denen ich mir wünsche, ich hätte mehr gepflanzt, und andere, in denen ich meinen Freunden Grünkohl zuschiebe. Selbst nach dem Einpflanzen von Hunderten von Pflanzen gibt es immer noch Überraschungen und Enttäuschungen. Das ist ein Teil dessen, was es interessant hält.

Also geh nach draußen und pflanze mehr Gemüse, Blumen und Kräuter in deine Hochbeete! Ich sage immer: Wenn etwas wert ist, getan zu werden, dann ist es wert, intensiv angegangen zu werden. Auf das Brechen der Regeln auf die beste Weise!

SECHS BEETPLÄNE FÜR DEIN BUNTES HOCHBEET

Du siehst, intensive Bepflanzung hat viele Vorteile und ermöglicht es dir, das Beste aus deinem Hochbeet herauszuholen. Damit du nicht den Überblick verlierst und deine Pflanzen optimal gedeihen, habe ich dir ein paar Beetpläne zusammengestellt, mit denen du das Prinzip der intensiven Bepflanzung ganz einfach ausprobieren kannst.

Ich stelle dir auf den folgenden Seiten sechs Beetpläne vor, die bei mir wunderbar funktioniert haben. Diese Pläne sind speziell für das intensive Bepflanzen konzipiert, um den Platz effizient zu nutzen und eine reiche Ernte zu erzielen. Sie berücksichtigen alle wichtigen Faktoren wie Mischkultur und die Bedürfnisse der einzelnen Pflanzen. Darüber hinaus sind sie pflegeleicht und somit für Neulinge bestens geeignet.

Jeder Plan enthält detaillierte Informationen darüber, welche Pflanzen wo gepflanzt werden sollten und wie du das Beste aus deinem Hochbeet herausholen kannst. So kannst du sicher sein, dass du nichts vergisst und immer den Überblick behältst.

Egal ob du Anfänger*in oder fortgeschrittene*r Gärtner*in bist, mit diesen Plänen kannst du sofort loslegen und deine eigenen Erfahrungen im intensiven Gärtnern machen. Deine Hochbeete werden bald zu einem Ort voller Leben, an dem du gesunde und leckere Lebensmittel ernten kannst.

Also, worauf wartest du noch? Leg los und verwandle deine Hochbeete in wahre Ertragswunder!

ANPASSBARKEIT UND FLEXIBILITÄT

Meine Hochbeete haben standardisierte Maße, die sich gut bewährt haben: Sechs meiner Beete sind jeweils 1,20 m x 1,20 m groß, während ein weiteres Beet die Maße 3 m x 1,20 m hat. Diese Größen sind ideal für die intensive Bepflanzung, bieten genug Platz für eine Vielfalt von Pflanzen und lassen sich leicht pflegen.
Die von mir vorgestellten Beetpläne sind so gestaltet, dass sie flexibel auf deine Bedürfnisse und die Gegebenheiten in deinem Garten angepasst werden können. Solltest du größere oder kleinere Hochbeete haben, kannst du die Pflanzenabstände entsprechend anpassen. So erhältst du immer ein stimmiges und produktives Beet.

DAS BUNTE PARADIES

Dieses Beet ist ein absoluter Blickfang! Die rote Paprika bildet den Mittelpunkt und wird von leuchtenden Ringelblumen umringt. Gurken werden mit Dill und Koriander unterpflanzt. Verschiedene kleine Pflück- und Schnittsalate sowie Rucola habe ich breitwürfig an den Seiten des Beets gesät. Zu den Stangenbohnen durfte Stangensellerie ziehen.

BEET 1

1. Stangenbohne
2. Stangensellerie
3. Pflücksalat
4. Ringelblume
5. Paprika
6. Rucola
7. Dill
8. Koriander
9. Gurke

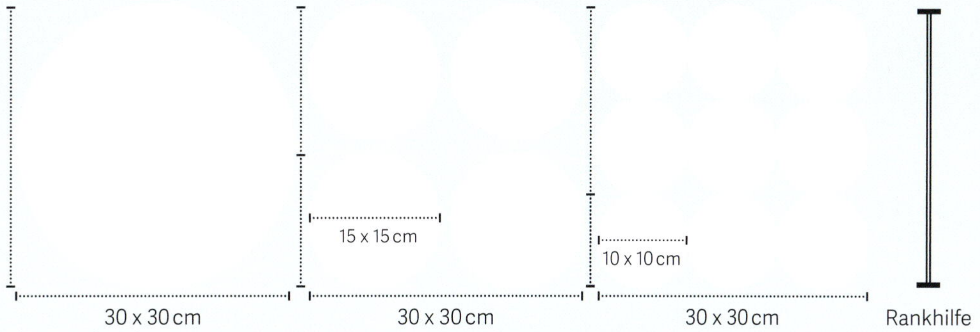

JANUAR UND FEBRUAR

- **Paprika vorziehen:** Paprika brauchen lange, bis sie keimen und stark genug sind, um ins Freiland gesetzt zu werden. Du solltest sie im Haus oder im Gewächshaus ab Februar vorziehen.
- **Stangensellerie vorziehen:** Auch Stangensellerie kannst du früh im Jahr vorziehen. Ähnlich wie Paprika hat er eine lange Kulturdauer.

MÄRZ UND APRIL

- **Bohnen vorziehen:** Stangenbohnen kannst du ab Mitte April im Freiland vorziehen oder sie direkt in den Boden säen, wenn es draußen wärmer wird.
- **Gurken vorziehen:** Gurken mögen es warm. Du solltest sie ab Mitte April drinnen vorziehen, um sie ab Mitte/Ende Mai ins Beet setzen zu können.
- **Ringelblumen vorziehen:** Auch Ringelblumen kannst du ab Mitte März auf der Fensterbank vorziehen.
- **Salate und Rucola säen:** Diese Blattgemüse kannst du ab März bis April direkt in das Beet säen. Sie sind relativ kälteunempfindlich und keimen auch bei niedrigeren Temperaturen.

TIPP: SALAT KAUFEN

Selbst gekaufte Salate aus dem Supermarkt mit Wurzeln eignen sich hervorragend für dein Beet. Wenn du die Salate nicht vollständig erntest, kannst du sie ganz einfach weiterkultivieren. Stelle die Wurzeln für einige Minuten ins Wasser, bevor du sie ebenerdig in Garten- oder Blumenerde pflanzt. Wichtig ist, die Erde gleichmäßig feucht zu halten, jedoch nicht zu nass. So entwickeln sich neue Blätter, die du nach Bedarf ernten kannst. Das verlängert die Lebensdauer deiner Salate und sorgt für kontinuierliche Ernte.

MAI

- **Paprika und Gurken ins Beet setzen:** Wenn kein Frost mehr zu erwarten ist, kannst du die vorgezogenen Paprika- und Gurkenpflanzen ins Beet setzen. Gurken brauchen Rankhilfen, damit sie in die Höhe wachsen können.
- **Kräuter pflanzen:** Dill und Koriander kannst du jetzt direkt ins Beet säen. Sie passen gut unter die Gurken, da sie niedriger wachsen und Schatten mögen.

TIPP: RINGELBLUMEN IM GEMÜSEBEET

Ringelblumen gelten als wachstumsfördernd und vertragen sich mit allen Gemüsesorten. Sie wirken abschreckend auf viele Schädlinge wie Nematoden, Erbsenwickler, Bohnenblattläuse, Blutläuse und Drahtwürmer. Verstärken lässt sich der Effekt, wenn man zusätzlich Kapuzinerkresse pflanzt. Auch der Weißen Fliege kann man mit Ringelblumen zu Leibe rücken. Denn sie locken Schlupfwespen an, die zu den Fressfeinden der Weißen Fliege zählen. Sie beugt dem Befall mit Kraut- und Knollenfäule vor. Außerdem gilt sie als Heilpflanze und kann getrocknet und frisch verwendet werden.

JUNI

- **Bohnen säen:** Jetzt kannst du die Stangenbohnen direkt ins Freiland säen, wenn du das nicht schon früher gemacht hast. Sie werden bald die Rankhilfen hochklettern.
- **Ringelblumen pflanzen:** Die Ringelblumen, die du entweder vorgezogen oder gekauft hast, können jetzt in das Beet gesetzt werden. Sie lockern das Bild auf und schützen die Paprika vor Schädlingen.
- **Erste Salaternte:** Pflück- und Schnittsalate kannst du ab Juni regelmäßig ernten, damit sie nachwachsen und dir den ganzen Sommer frische Blätter liefern.

JULI

- **Gurken und Bohnen pflegen:** Die Gurken beginnen jetzt zu klettern, und die Bohnen wachsen kräftig. Achte darauf, dass die Rankhilfen stabil genug sind. Es kann helfen, die Pflanzen gelegentlich festzubinden.
- **Düngen:** Gurken und Paprika sind Starkzehrer und brauchen zusätzliche Nährstoffe. Gib ihnen einen organischen Dünger oder Jauche, um die Pflanze zu unterstützen.

AUGUST

- **Erste Gurken und Bohnen ernten:** Die Gurken und Bohnen sollten jetzt reif sein. Ernte sie regelmäßig, um das Wachstum anzuregen.
- **Ringelblumenblüte:** Die Ringelblumen stehen in voller Blüte. Du kannst die Blütenblätter ernten und sie als essbare Dekoration für Salate verwenden oder Salben aus ihnen herstellen.
- **Pflege der Kräuter:** Dill und Koriander kannst du ab jetzt ebenfalls ernten. Sie können frisch oder getrocknet verwendet werden.

SEPTEMBER

- **Letzte Salaternte:** Die Salate neigen sich dem Ende zu. Du kannst ein letztes Mal ernten und das Beet langsam auf die Herbstsaison vorbereiten.
- **Nachdüngen:** Gib noch einmal eine leichte Düngung für die Paprika, die bis zum Frost Früchte tragen kann.

OKTOBER

- **Bohnen und Gurken entfernen:** Wenn die ersten kalten Nächte kommen, hören die Gurken und Bohnen auf zu tragen. Jetzt kannst du die Rankhilfen abbauen und die Pflanzenreste kompostieren.
- **Paprika ernten:** Vor den ersten Frösten erntest du die letzten Paprika und räumst das Beet auf.

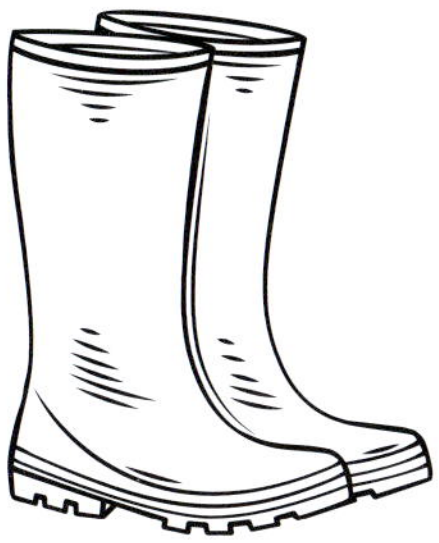

→ Mit dieser Planung stellst du sicher, dass dein Beet über die gesamte Gartensaison produktiv und gepflegt bleibt. Du kannst immer wieder während der Saison neu aussäen und auspflanzen, ganz so, wie ich es zur intensiven Bepflanzung (Seiten 68–75) beschrieben habe.

GEMÜSEVIELFALT

In diesem Beet überwiegt das Grün der Gurken und Buschbohnen. Sie werden mit Schnittlauch und Hornveilchen unterpflanzt. Das letzte Drittel habe ich mit kleinen und mittleren Pflanzen aufgefüllt. Den Platz teilen sich Mangold, Erdbeeren, Salat und verschiedene essbare Blumen.

BEET 2

1. Erdbeere
2. Mangold
3. Ringelblume
4. Salat
5. Buschbohne
6. Gurke
7. Hornveilchen
8. Schnittlauch

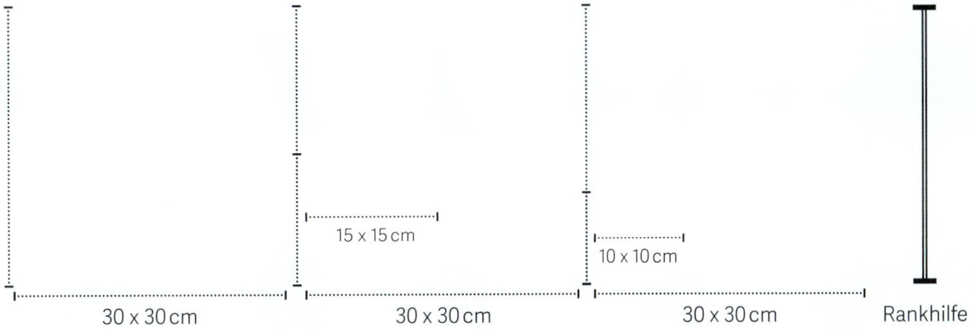

FEBRUAR UND MÄRZ

- **Gurken vorziehen:** Ab Mitte März kannst du Gurken im Haus oder Gewächshaus vorziehen, um sie später ins Beet zu setzen.
- **Schnittlauch pflanzen:** Wenn es mild ist, kannst du den Schnittlauch entweder aus Samen vorziehen oder gekaufte Pflanzen ins Beet setzen.

APRIL UND MAI

- **Buschbohnen säen:** Buschbohnen kannst du direkt ins Freiland säen, sobald der Boden frostfrei ist und sich etwas erwärmt hat. Sie keimen schnell und brauchen viel Sonne. Teilweise ziehe ich sie in Töpfen vor.
- **Salat säen:** Ab April kannst du auch den Salat direkt ins Beet säen oder vorgezogene Pflanzen setzen. Er wächst schnell und sorgt für eine frühe Ernte.
- **Essbare Blumen:** Du kannst nun essbare Blumen wie Hornveilchen oder Ringelblumen in dein Beet pflanzen.
- **Gurken ins Beet setzen:** Die vorgezogenen Gurken können ab Mitte Mai ins Freiland. Stelle sicher, dass sie genug Platz haben und eventuell eine Rankhilfe bekommen.
- **Mangold pflanzen:** Der robuste Mangold kann im Mai gepflanzt werden. Er lässt sich gut mit anderen Pflanzen kombinieren und liefert bis in den Herbst hinein frische Blätter.

JUNI

- **Erste Ernten:** Salat und Erdbeeren können bereits ab Juni geerntet werden. Der Mangold entwickelt jetzt auch größere Blätter.
- **Pflege:** Regelmäßiges Gießen ist nun besonders wichtig, da Gurken und Bohnen durstig sind. Achte darauf, dass das Beet gut feucht bleibt, ohne dass Staunässe entsteht.

JULI UND AUGUST

- **Buschbohnen ernten:** Ab Juli können die ersten Buschbohnen geerntet werden. Pflücke sie regelmäßig, um neues Wachstum zu fördern.
- **Erdbeeren ernten:** Die Erdbeerernte beginnt ebenfalls. Achte darauf, die Pflanzen gut zu pflegen, damit sie auch in den kommenden Jahren ertragreich bleiben.

SEPTEMBER UND OKTOBER

- **Nachpflanzen von Salaten:** Im Spätsommer kannst du noch einmal Salat nachsäen, um eine Ernte im Herbst zu genießen.
- **Mangold und Schnittlauch ernten:** Mangold und Schnittlauch wachsen bis spät in den Herbst hinein. Du kannst sie nach Bedarf schneiden, sie treiben immer wieder neu aus.

TIPP: SCHNECKENFALLE

Wer kennt es nicht: Die Nacktschnecken fressen alles weg und man selbst hat keine Ernte mehr. Mein Tipp dazu: Die Schnecken so oft es geht fleißig absammeln. Vor allem in der Abenddämmerung und nach Regen finden sich besonders viele Schnecken.

Um das Absammeln zu erleichtern, stelle ich regelmäßig Schneckenfallen auf. Dazu schneide ich ein Tetrapack an der langen Seite und den zwei kurzen Seiten auf und gebe mit Wasser vermischte Haferflocken und Grünkohl oder Salat hinein. Dann lege ich den Behälter auf den Boden und siehe da: Sämtliche Schnecken der Umgebung haben sich hier versammelt.

→ Dieses Beet bietet über die gesamte Gartensaison hinweg eine bunt gemischte Ernte – von frischen Bohnen über knackigen Salat bis hin zu süßen Erdbeeren und robustem Mangold. Auch hier kannst du ganz nach dem Motto „intensives Bepflanzen" immer wieder nachsäen und pflanzen.

ZUCKERSCHOTEN-DREAM-TEAM

Dieses Beet ist eines meiner Lieblingsbeete. An der Rankhilfe wachsen Zuckerschoten. In der Mitte stehen zwei eher klein bleibende Tomaten. Grünkohl, Radieschen und Ringelblumen runden das zweite Drittel ab. Im letzten Drittel habe ich Basilikum, Zwiebeln und Studentenblumen abwechselnd gepflanzt und Zuckerschoten über den Rand in den Ecken nach unten ranken lassen.

BEET 3

① Zuckerschote
② Studentenblume
③ Zwiebel
④ Radieschen
⑤ Ringelblume
⑥ Tomate
⑦ Grünkohl
⑧ Basilikum

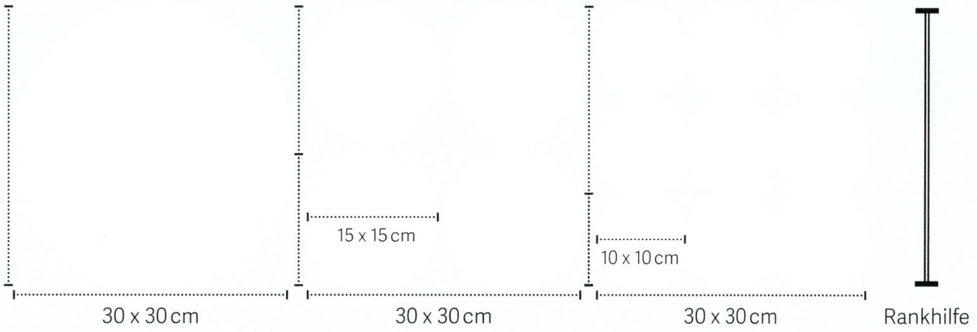

FEBRUAR UND MÄRZ

- **Zuckerschoten vorziehen oder säen:** Du kannst Zuckerschoten ab Ende Februar drinnen vorziehen oder ab Mitte März direkt ins Freiland säen.
- **Radieschen säen:** Radieschen sind Kaltkeimer und können bereits ab März ins Beet gesät werden. Sie sind schnell erntereif und wachsen auch bei kühleren Temperaturen gut.
- **Grünkohl vorziehen:** Grünkohl kann ebenfalls früh vorgezogen werden, um ihn später in das Beet zu setzen.
- **Tomaten vorziehen:** Ab März kannst du die Tomaten vorziehen. Achte darauf, dass sie genug Licht bekommen.

APRIL UND MAI

- **Zwiebeln stecken:** Ab April kannst du die Zwiebeln stecken. Sie brauchen wenig Pflege und lassen sich gut mit anderen Pflanzen kombinieren.
- **Tomaten ins Beet setzen:** Nach den Eisheiligen (Mitte Mai) kannst du die Tomaten ins Freiland pflanzen. Stütze sie mit einem Pflanzstab oder anderen Stützen, um das Gewicht der Früchte aufzufangen.
- **Grünkohl pflanzen:** Ab Mai kann auch der vorgezogene Grünkohl ins Beet.
- **Basilikum pflanzen:** Basilikum ist wärmebedürftig und fühlt sich erst nach den Eisheiligen wohl. Pflanze ihn zusammen mit den Tomaten, da sie sich gut ergänzen.

JUNI

- **Ringelblumen und Studentenblumen säen:** Diese beiden Blumen kannst du ab Juni direkt ins Beet säen. Sie halten Schädlinge fern und locken Nützlinge an.
- **Pflege:** Zuckerschoten und Tomaten solltest du jetzt regelmäßig gießen. Besonders Tomaten reagieren empfindlich auf Trockenheit.

JULI UND AUGUST

- **Zuckerschoten ernten:** Ab Juli können die ersten Zuckerschoten geerntet werden. Achte darauf, sie früh zu ernten, damit sie nicht zu hart werden.
- **Radieschen ernten:** Die Radieschen sind schnell reif und können ebenfalls geerntet werden. Im Sommer kannst du sie durch eine neue Aussaat ersetzen.
- **Grünkohl und Basilikum ernten:** Basilikum kannst du laufend ernten, indem du die Triebspitzen abschneidest. Der Grünkohl entwickelt sich bis in den Herbst hinein.

SEPTEMBER UND OKTOBER

- **Tomaten und Zwiebeln ernten:** Die Tomaten tragen bis in den Spätsommer hinein Früchte. Auch die Zwiebeln sind jetzt reif und können geerntet und getrocknet werden.
- **Grünkohl ernten:** Grünkohl ist besonders nach den ersten kühlen Nächten im Herbst schmackhaft. Er bleibt bis zum Winter im Beet und liefert dir lange frische Blätter.

→ Dieses Beet ist nicht nur optisch ein Highlight, sondern versorgt mich auch den ganzen Sommer über mit frischen Zuckerschoten, knackigen Radieschen, würzigem Basilikum und köstlichen Tomaten. Der Mix aus Gemüse, Kräutern und Blumen macht es zu einem meiner Lieblingsplätze im Garten.

TIPP: ERBSEN UND ZUCKERSCHOTEN EFFEKTIV PLATZIEREN

Pflanze deine Erbsen und Zuckerschoten am Rand deines Hochbeets, um Platz zu sparen. Du brauchst keine Rankhilfe und kannst trotzdem reichlich ernten. Erbsen und Zuckerschoten binden Stickstoff aus der Luft und machen ihn für deine Pflanzen zugänglich, was den Boden verbessert. So nutzt du den Raum optimal und sorgst gleichzeitig für eine natürliche Düngung. Eine einfache und effiziente Lösung, die mehr aus deinem Garten herausholt.

TIPP: TOMATEN TIEFER SETZEN

Setze Tomaten beim Pikieren und auch beim Einpflanzen tiefer in die Erde, bis knapp unter die ersten Blätter. Dadurch entwickeln sich neue Wurzeln am Stängel und die Pflanze wird viel stärker. Achte darauf, dass der Boden gut durchlässig ist und genügend Nährstoffe enthält. Nach dem Pikieren solltest du die Pflanzen regelmäßig, aber vorsichtig gießen, um Staunässe zu vermeiden. Eine tiefer gesetzte Tomate kann besser Nährstoffe aufnehmen und ist stabiler gegen Wind und Wetter.

TIPP: NATÜRLICHER ALLROUNDSCHUTZ

Neemöl – ein ökologisches Mittel, welches aus den Samen des Neembaums gewonnen wird – ist ein Gamechanger im Garten. Es wirkt gegen unterschiedliche Schädlinge wie Käfer, Raupen, Läuse, Spinnenmilben oder Trauermücken. Auch gegen Pilzkrankheiten wie Mehltau hilft es prima.

Vor allem bei der Anzucht schwirren oftmals Trauermücken um die Erde herum, und Neemöl hat meine Pflanzen schon mehrmals vor diesen Schädlingen gerettet. Der große Vorteil an Neemöl ist, dass es nur Schädlingen schadet. Nützlinge wie Marienkäfer und Bienen sind durch das Öl nicht gefährdet.

Gegen einen akuten Befall gib einfach ein paar Tropfen Öl in Wasser und sprühe deine Pflanzen damit ein. Nach wenigen Tagen sollten deine Schädlinge weg sein.

Um deine Pflanzen langfristig zu stärken, gib das Öl in das Gießwasser und es wirkt von innen heraus.

FARBENSPIEL

Dieses farbenfrohe Beet beinhaltet in der Mitte drei Auberginen als große Pflanzen. Die Lücken habe ich mit Basilikum aufgefüllt. Lila Kohlrabi, rote Erdbeeren, weiße Ringelblumen, pinker Mangold und an den Ecken saftig grüne Petersilie runden ein wunderschönes Beet ab.

BEET 4

1. Kohlrabi
2. Erdbeere
3. Ringelblume
4. Mangold
5. Aubergine
6. Basilikum
7. Grünkohl
8. Petersilie

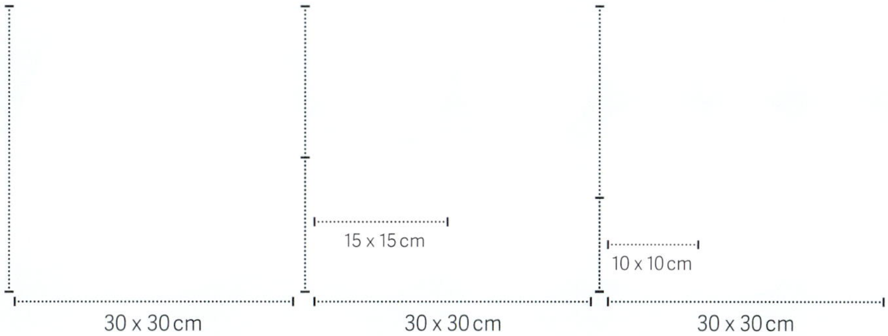

FEBRUAR UND MÄRZ

- **Auberginen vorziehen:** Auberginen benötigen viel Zeit zum Wachsen. Du solltest sie früh in Innenräumen vorziehen und erst nach den Eisheiligen ins Freiland setzen.
- **Kohlrabi vorziehen:** Der lila Kohlrabi kann ebenfalls bereits ab März im Haus vorgezogen werden.

APRIL

- **Mangold und Basilikum vorziehen:** Diese Pflanzen kannst du auch im April drinnen vorziehen. Achte darauf, dass der Mangold frühzeitig ins Beet kommt, da er einen langen Wachstumszyklus hat.

MAI

- **Auberginen und Kohlrabi pflanzen:** Nach den Eisheiligen kannst du die vorgezogenen Auberginen und den Kohlrabi ins Beet setzen.
- **Erdbeeren setzen:** Setze die Erdbeeren in die Randbereiche des Beets. Sie brauchen ausreichend Sonne und lockere Erde.

JUNI UND JULI

- **Ringelblumen säen:** Die weißen Ringelblumen kannst du direkt ins Beet säen, sie gedeihen gut neben Auberginen und Kohlrabi und halten Schädlinge fern.
- **Basilikum und Petersilie pflanzen:** Beide Kräuter lieben die Wärme und ergänzen das Beet wunderbar mit ihrem Duft und ihrer intensiven Farbe.

JULI UND AUGUST

- **Ernten:** Erdbeeren und Basilikum kannst du bereits ab Juni fortlaufend ernten. Kohlrabi und Mangold sind im Juli erntereif. Die Auberginen werden ab August Früchte tragen.

SEPTEMBER UND OKTOBER

Auberginen ernten: Bis in den Herbst hinein kannst du die reifen Auberginen ernten. Petersilie und Basilikum liefern bis zum Frost frische Kräuter.

→ Dieses Beet bietet eine bunte und ausgewogene Bepflanzung. Die verschiedenen Pflanzen bereichern den Garten nicht nur kulinarisch, sondern auch optisch. Mit dieser Mischung hast du eine lange Ernteperiode und jede Menge Farbe im Beet! Denke daran, immer wieder nachzusäen und zu pflanzen, damit dein Beet intensiv bepflanzt bleibt und keine leeren Stellen entstehen.

TIPP: DIE SACHE MIT DEM GIESSEN

Gießt man zu viel, bildet sich Staunässe und die Wurzeln breiten sich nicht richtig aus. Gießt man zu wenig, vertrocknen die Pflanzen. Ich habe mir Folgendes angewöhnt:

- Ich gieße, wenn möglich, morgens. So bleiben Schnecken und Pilze fern, und die Pflanze hat den ganzen Tag etwas davon.
- Ich achte darauf, immer direkt am Boden und an den Wurzeln zu wässern. Einige Pflanzen wie Tomaten mögen kein Wasser auf den Blättern.
- Ich wässere lieber einmal richtig durchdringend (je nach Wetter auch nur 2 x die Woche), als ständig zu gießen. Damit erziehe ich meine Pflanzen, kräftige Wurzeln zu bilden, und ich habe das Gefühl, die Früchte schmecken intensiver.
- Und mein Extratipp: Wo es geht, gieße mit Regenwasser.
- Natürlich muss man die Wassermenge immer an das Wetter anpassen. Heiß und windig heißt mehr gießen.

TIPP

Grünkohl kannst du ständig ernten, indem du die äußeren Blätter vorsichtig abschneidest. So wächst die Pflanze weiter, wird aber nicht ganz so groß – perfekt für eine intensive Bepflanzung im (Hoch-)Beet. Es stimmt übrigens nicht, dass du mit der Ernte bis nach dem Frost warten musst – Grünkohl schmeckt auch vorher schon super! Die Blätter lassen sich zu knusprigen Grünkohlchips verarbeiten oder roh in Salate mischen. So nutzt du ihn vielseitig und platzsparend!

PAPRIKA-POWER UND KRÄUTERGLÜCK

In diesem energiereichen Beet habe ich den Fokus auf Paprika und nicht sehr hoch wachsende Tomaten gelegt. In die Lücken habe ich Asia-Salate, Baslilikum, Schnittlauch, Salate und Lavendel gepflanzt.

BEET 5

1. Schnittlauch
2. Tomate
3. Salat
4. Basilikum
5. Asia-Salat
6. Mangold
7. Paprika
8. Lavendel
9. Schnittsalat

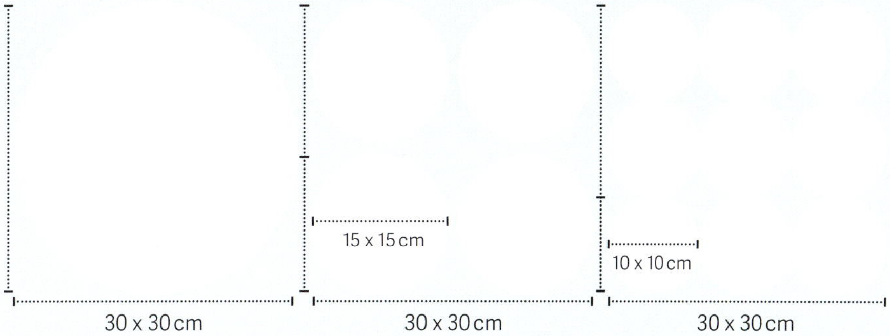

FEBRUAR UND MÄRZ

- **Erst Paprika, dann Tomaten vorziehen:** Diese beiden Pflanzen brauchen einen langen Anlauf. Du solltest sie frühzeitig drinnen vorziehen und erst nach den Eisheiligen ins Freie setzen.

APRIL

- **Lavendel pflanzen:** Lavendel kann jetzt ins Beet gesetzt werden. Er benötigt viel Sonne und gut durchlässigen Boden, idealerweise am Rand des Beets, um Platz für die anderen Pflanzen zu lassen.

MAI

- **Paprika und Tomaten auspflanzen:** Nach den Eisheiligen ist es sicher, die vorgezogenen Paprika und Tomaten ins Beet zu setzen. Achte darauf, die Tomaten gut zu stützen, damit sie nicht umfallen.
- **Asia-Salate und Schnittlauch pflanzen:** Diese Pflanzen füllen die Lücken im Beet und sorgen für Abwechslung in deinen Salaten. Sie wachsen schnell und können bereits kurze Zeit nach dem Pflanzen geerntet werden.

JUNI UND JULI

- **Salate nachsäen:** Salate kannst du in mehreren Sätzen säen, sodass du den ganzen Sommer über frische Blätter ernten kannst.
- **Basilikum pflanzen:** Basilikum liebt Wärme und kann jetzt ins Beet gesetzt werden. Er profitiert von der Nachbarschaft der Tomaten, da sich beide Pflanzen gut ergänzen.

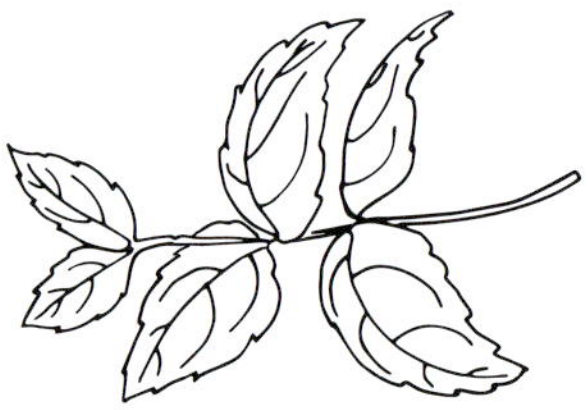

JULI UND AUGUST

- **Erntezeit für Paprika und Tomaten:** Ab Juli beginnen die Tomaten zu reifen. Achte darauf, sie regelmäßig zu ernten, um den Ertrag zu maximieren. Paprika folgen kurz darauf und werden bis in den Herbst hinein Früchte tragen.
- **Lavendelblüten ernten:** Lavendelblüten kannst du schneiden und trocknen – ideal für Duftkissen oder als aromatische Zugabe in der Küche.

SEPTEMBER UND OKTOBER

- **Letzte Ernte:** Während die Temperaturen sinken, reifen die letzten Tomaten und Paprika nach. Salate und Kräuter können bis zum ersten Frost geerntet werden.

→ Dieses Beet ist perfekt, um den Sommer über eine Vielzahl an frischen Zutaten direkt vor der Haustür zu haben. Die aromatischen Kräuter, die knackigen Salate und die sonnenverwöhnten Früchte von Paprika und Tomaten machen Beet 5 zu einem echten Genussgarten! Hier kannst du fortlaufend neu säen und pflanzen.

TIPP: MINIKOMPOSTER IM HOCHBEET

Mein kleiner Minikomposter im Hochbeet hat viele Vorteile. Meine Hochbeetabfälle kann ich gleich an Ort und Stelle loswerden, die Würmer verwenden sie als Futter und verteilen anschließend den Würmhumus als Dünger über das ganze Beet. Meine Pflanzen werden so fortwährend natürlich gedüngt und gut versorgt. Du musst dafür nur einen Behälter mit Löchern in dein Beet setzen und eine Handvoll Würmer vom Kompost und Gartenabfälle hineingeben.

Es gibt auch ganz tolle Varianten aus Ton, die sind natürlich noch besser, aber auch kostenintensiver.

TOMATEN PFLEGEN

Wenn deine Tomatenpflanzen richtig gut angewachsen sind und jetzt täglich weiterwachsen, beginnt die Pflege. Dazu gehört, dass ich immer, wenn ich durch meinen Garten gehe, ein paar Geiztriebe herausbreche (außer bei Buschtomaten).

Außerdem entferne ich die Königsblüte, damit die Tomatenpflanze mehr Kraft für Wachstum und Fruchtbildung hat. Man erkennt sie daran, dass sie ganz anders aussieht als die anderen Blüten. Oft ist sie verwachsen, wie auch ihr Stiel.

Zudem schneide ich die unteren Blätter, die sehr nah am Boden sind, weg. Dadurch gelangt kein Spritzwasser an die Blätter und deine Pflanze wird weniger schnell von Krankheiten heimgesucht.

Ich versuche, so wenig wie möglich zu gießen, um die Tomaten nicht daran zu gewöhnen. Einmal in der Woche gieße ich sie mit Brennnesseljauche oder einem anderen Dünger.

DAS ULTIMATIVE BEET

Dieses Beet ist mein größtes Hochbeet mit viel Platz. Den Fokus habe ich auf vier Tomaten in der Mitte gelegt. Dazu durften verschiedene Paprika, Kohlrabi und Buschbohnen ziehen. Der Rand des Beets ist rundherum mit Erdbeeren, Salaten, verschiedenen Kräutern und Blumen gefüllt. Essbare Blumen wie Ringelblumen, Studentenblumen und Hornveilchen runden „Das ultimative Beet" ab und locken zusätzliche Insekten zur Bestäubung an.

BEET 6

1. Erdbeere
2. Hornveilchen
3. Kohlrabi
4. Paprika
5. Schnittsalat
6. Ringelblume
7. Tomaten
   - 'Atomic Sunset'
   - 'Casady's Folly'
   - 'Phil's One'
   - 'Rotkäppchen'
8. Basilikum
9. Petersilie
10. Salbei
11. Thymian
12. Rucola
13. Buschbohne

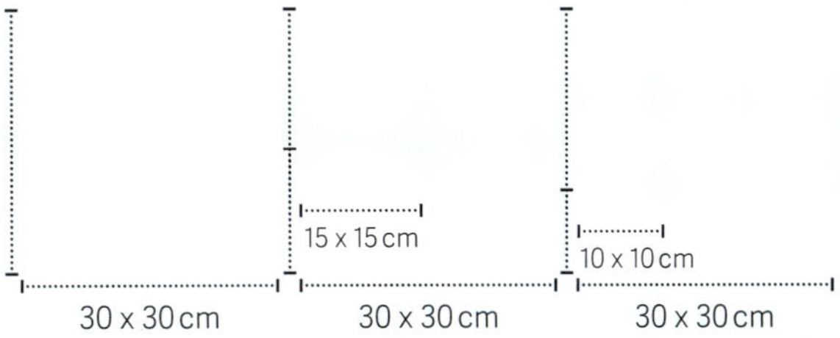

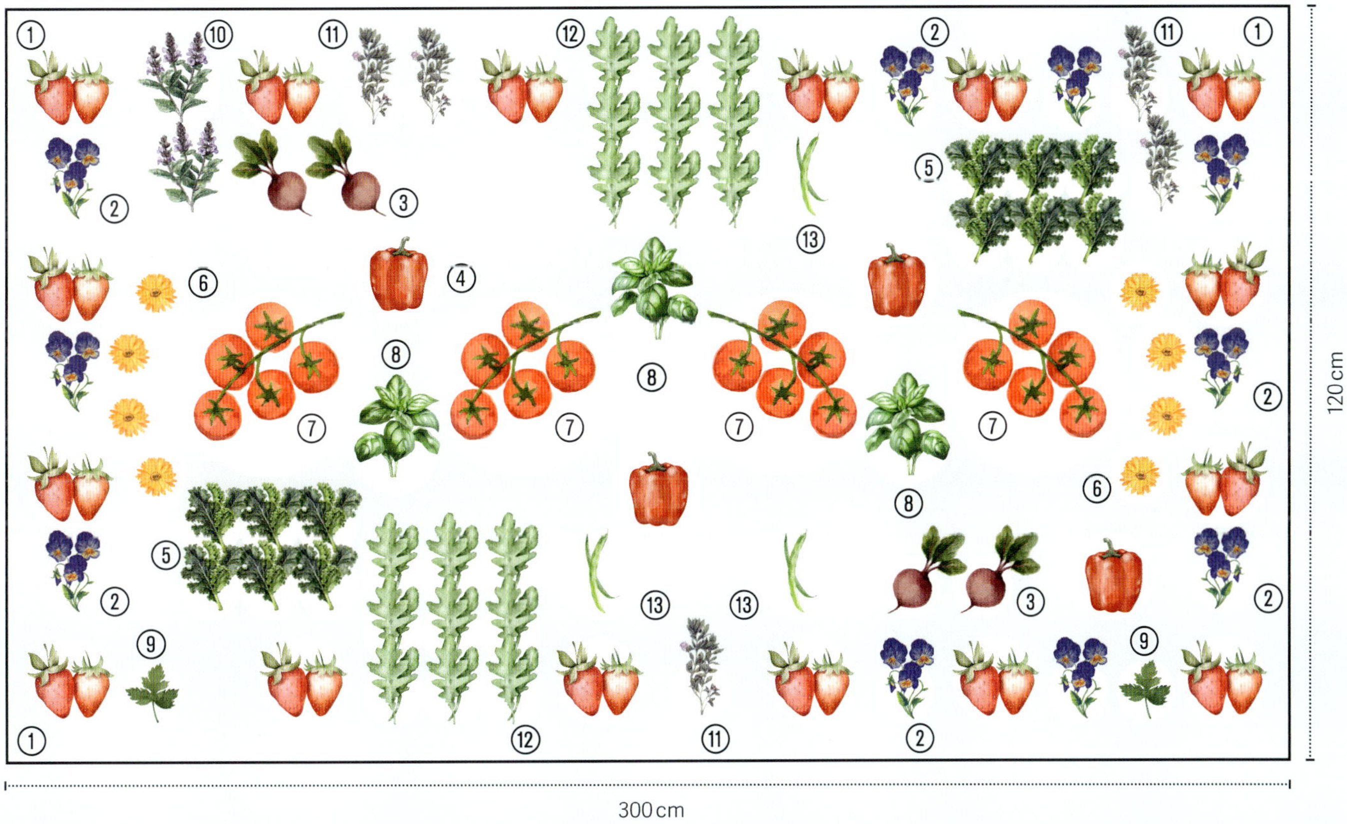

FEBRUAR UND MÄRZ

- **Tomaten und Paprika vorziehen:** Da diese Pflanzen viel Wärme brauchen, werden sie frühzeitig drinnen vorgezogen und erst später ins Beet gesetzt.

APRIL

- **Kohlrabi und Buschbohnen säen:** Diese Pflanzen vertragen kühle Temperaturen und können direkt ins Hochbeet oder auf der Fensterbank vorgezogen werden.

MAI

- **Tomaten und Paprika auspflanzen:** Nach den Eisheiligen ist es Zeit, die vorgezogenen Pflanzen ins Hochbeet zu setzen. Achte auf ausreichend Stützhilfen für die Tomaten, da sie hoch wachsen werden.
- **Essbare Blumen und Salate pflanzen:** Ringelblumen, Studentenblumen und Hornveilchen kannst du ab jetzt ins Beet setzen. Sie blühen den ganzen Sommer über und ziehen Insekten an, die für eine reiche Ernte sorgen.

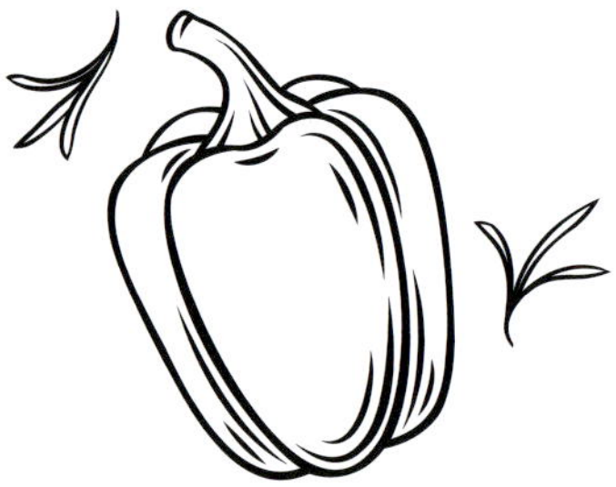

TIPP: STUDENTENBLUMEN – DIE GEHEIMWAFFE IN DEINEM GARTEN!

Ich lege dir ans Herz, Studentenblumen, auch Tagetes genannt, in deine Beeten zu pflanzen, denn sie sind eine absolute Geheimwaffe gegen Blattläuse und Weiße Fliegen. Die Wurzeln verbessern den Boden und bekämpfen schädliche Fadenwürmer, während die Blüten Bienen anlocken. Zudem sind sie pflegeleicht und blühen den ganzen Sommer über. Sie vertragen auch Trockenheit gut und sind somit ideal für Neulinge im Garten geeignet

Sie verschönern zudem deinen Garten mit ihren leuchtenden Farben. Es gibt sie übrigens nicht nur in Orange und Gelb, sondern ebenfalls in Weiß. So bringst du Farbe und Nutzen in deinen Garten!

JUNI UND JULI

- **Erste Ernte:** Jetzt kannst du schon die ersten Erdbeeren, Salate und vielleicht auch einige Kohlrabi ernten. Buschbohnen reifen schnell und bieten dir über Wochen hinweg frische Bohnen.
- **Kräuter nachpflanzen:** Falls der Platz es erlaubt, kannst du Kräuter nachpflanzen oder an freien Stellen weitere Salate oder Blumen setzen.

AUGUST UND SEPTEMBER

- **Tomaten und Paprika ernten:** Nun kannst du die reifen Früchte regelmäßig pflücken. Ernte möglichst frühmorgens, wenn die Früchte noch frisch und knackig sind.
- **Letzte Ernte von Bohnen und Kohlrabi:** Wenn die Ernte langsam nachlässt, kannst du Platz für Herbstsalate schaffen oder das Beet mit neuen Kräutern und Blumen auflockern.

→ Dieses große Beet vereint alles, was das Gärtner*innenherz begehrt: Eine reiche Auswahl an Gemüse, Salaten, Kräutern und essbaren Blumen, die nicht nur für die Küche, sondern auch für das Auge ein Genuss sind. Es bietet viele Möglichkeiten für die Saison und macht es leicht, immer wieder etwas Neues zu ernten oder anzubauen.

KAPITEL 5

BUNTE BEETE IM FREILAND

Das Anlegen und Bepflanzen von Beeten im Freiland unterscheidet sich in einigen Aspekten von der Bepflanzung in Hochbeeten, bringt jedoch zahlreiche Vorteile mit sich. In diesem Kapitel möchte ich dir zeigen, wie ich meine Freilandbeete gestalte und bepflanze, um gesunde Pflanzen zu ziehen und eine reiche Ernte zu erzielen.

BEPFLANZUNG IM FREILAND

SO LEGE ICH MEINE FREILANDBEETE AN

Beim Anlegen von Freilandbeeten ist es wichtig, eine solide und nachhaltige Grundlage zu schaffen. Ich beginne damit, die Beete mit einer **Umrandung** zu versehen – das können beispielsweise einfache Holzbretter sein. Diese Umrandung hilft, das Beet sauber und ordentlich zu halten, und verhindert, dass die Erde seitlich wegrutscht. Um Unkraut effektiv zu unterdrücken, lege ich eine Schicht unbehandelter **Pappe** auf den Boden. Sie sorgt dafür, dass unerwünschte Pflanzen nicht durch die Erdschicht hindurchwachsen können. Alternativ gibt es hier natürlich Produkte aus Schafwolle oder Hanf. Auf die Pappschicht gebe ich eine großzügige Lage **Komposterde**. Diese Komposterde ist reich an Nährstoffen und gibt deinen Pflanzen einen optimalen Start, da sie von Beginn an in nährstoffreicher Umgebung wachsen können. Achte hier auf gute Qualität. Eine ausführliche Anleitung zum Anlegen von Freilandbeeten findest du auf den Seiten 32 und 33.

FRUCHTFOLGE ALS SCHLÜSSEL ZUM ERFOLG

Im Gegensatz zu Hochbeeten, in denen man die Erde relativ leicht austauschen kann, ist das Freilandbeet stärker an den natürlichen Boden gebunden. Das bedeutet, dass ich besonders auf eine gute Bodenpflege und eine sinnvolle Fruchtfolge achte. Eine nachhaltige Bewirtschaftung des Bodens ist essenziell, um ihn langfristig fruchtbar zu halten. Über die Fruchtfolge hast du bereits auf den Seiten 64 und 65 einiges erfahren.

DIE GROSSEN KULTUREN IM FREILAND

Im Freiland baue ich besonders gern große Kulturen an, die im Hochbeet weniger Platz hätten oder die besonders tief wurzeln. Hierzu gehören Pflanzen wie Blumenkohl, Brokkoli, Mais, Zucchini, Sonnenblumen, Wirsing sowie Rot- und Weißkohl. Diese Pflanzen profitieren von dem tiefgründigen Boden im Freiland, da ihre Wurzeln sich dort optimal ausbreiten können und sie genug Platz haben, um zu wachsen.

Blumenkohl und Brokkoli sind anspruchsvolle Kulturen, die eine gleichmäßige Wasserversorgung und reichlich Nährstoffe benötigen. Zucchini und Mais hingegen profitieren von der Wärme, die der Boden im Freiland speichert, und den tiefen Wurzeln, die viel Wasser aufnehmen können. Sonnenblumen benötigen viel Licht und Platz, was sie im Freiland finden. Kohlarten wie Wirsing, Rot- und Weißkohl gedeihen im Freiland besonders gut, da sie viel Platz für ihre ausladenden Blätter brauchen und eine lange Wachstumsperiode haben. Sie würden mir im Hochbeet einfach zu viel Platz wegnehmen.

EIN NACHHALTIGER UND ERTRAGREICHER GARTEN

Das Gärtnern im Freiland erfordert ein gutes Verständnis für den Boden und die Pflanzen, die darin wachsen. Durch eine sorgfältige Planung und die Anwendung von Mischkultur und Fruchtfolge kannst du deine Beete über viele Jahre hinweg ertragreich und gesund halten. Die großen Kulturen, die im Freiland besonders gut gedeihen, ermöglichen dir nicht nur eine reichhaltige Ernte, sondern auch, das Potenzial deines Gartens voll auszuschöpfen.

Zum Abschluss möchte ich dir meine Beetpläne ans Herz legen. Ich habe fünf Pläne für die Freiland-Bepflanzung getestet und ausgearbeitet. Meine Beete sind 1,20 m x 3 m groß. Diese Pläne kannst du ganz einfach auf deine Beete anpassen und so das Beste aus deinem Freilandgarten herausholen. Egal, ob du ein kleines Beet oder mehrere größere Beete in einem großen Garten hast – mit diesen Plänen bist du bestens gerüstet, um eine erfolgreiche Ernte zu erzielen.

INKA-BEET

In meinem „Inka-Beet" gedeihen Mais, Zucchini und Stangenbohnen in perfekter Harmonie. Der majestätische Mais bietet Halt für die zarten Stangenbohnen, die mit ihren grünen Blättern und köstlichen Schoten aufwarten. Davor breiten sich die üppigen Zucchini-Blätter aus, deren leuchtend gelbe Blüten Bienen anlocken. Wenn die Erntezeit kommt, freue ich mich auf frischen, süßen Mais, zarte Zucchini und knackige Bohnen – ein wahres Geschmackserlebnis, das nicht nur meine Küche bereichert, sondern auch wunderbare Erinnerungen schafft.

BEET 1

① Popcornmais
② Zuckermais
③ Bunter Ziermais gemischt
④ Zucchini 'Cocozelle von Tripolis'
⑤ Zucchini rund 'One Ball'
⑥ Zucchini 'Black Beauty'

Diesen Beetplan findest du auch im digitalen Workbook.

TIPP: ECHTEN MEHLTAU BEKÄMPFEN

Echten Mehltau erkennt man an einem mehlig-weißen Belag auf der Blattoberseite. Er breitet sich leider recht schnell aus und kann sogar die ganze Pflanze inklusive der Knospen, Blüten und Früchte befallen. Die befallenen Blätter trocknen ein und werden gelb-braun. Es handelt sich um einen Pilzbefall, der vor allem an Rosen, Gurken, Zucchini und Kürbissen vorkommt.

Meine Antwort darauf ist frische Milch. Dazu vermenge ich einen Teil frische Milch (es ist wichtig, dass es FRISCHE Milch oder Rohmilch, keine H-Milch, ist) und 8 Teile Wasser.

Die Milchsäurebakterien wirken sich positiv gegen den Pilzbefall aus.

Die Mischung sollte ein- bis zweimal die Woche über den Pflanzen vernebelt werden. Auch nachdem ihr keinen Mehltau mehr erkennen könnt, würde ich noch ein bis zwei Wochen weiter sprühen.

TIPP: ZUCCHINI-ERNTE MAXIMIEREN

Deine Zucchini bilden kleine Früchte, die dann jedoch braun werden und vergammeln? Dann sind die Blüten vermutlich unzureichend befruchtet. Aber da kannst du nachhelfen. Nimm eine männliche Blüte und lege die Staubfäden frei. Männliche Blüten erkennst du daran, dass an ihnen keine Frucht, sondern nur ein Stängel ist. Mit ihnen streichst du nun über die Narben der weiblichen Blüten. Du spielst quasi Biene. Weibliche Blüten erkennst du daran, dass sich an ihnen schon kleine Fruchtansätze bilden. Wenn du das regelmäßig machst, weißt du bald nicht mehr, wohin mit deinen ganzen Zucchini.

SONNENZAUBER-BEET

In meinem „Sonnenzauber-Beet" erblühen die leuchtenden Sonnenblumen, die den Sommer mit ihrer warmen gelben Farbe feiern und gleichzeitig einen Lebensraum für Bienen bieten. An ihren kräftigen Stielen wachsen die edlen Auberginen, deren tiefviolette Frucht sich perfekt in die lebendige Kulisse einfügt. An den Rändern habe ich die süßen Physalis gepflanzt, deren goldene Lampions das Beet zieren und für ein fruchtiges Highlight sorgen. Wenn ich die reifen Früchte ernte, genieße ich die harmonische Kombination aus Farbe, Geschmack und Sonne – ein wahrhaft festliches Erlebnis für Gaumen und Augen.

BEET 2

① Aubergine 'De Barbentane'
② Sonnenblume
③ Physalis 'Goldmurmel'

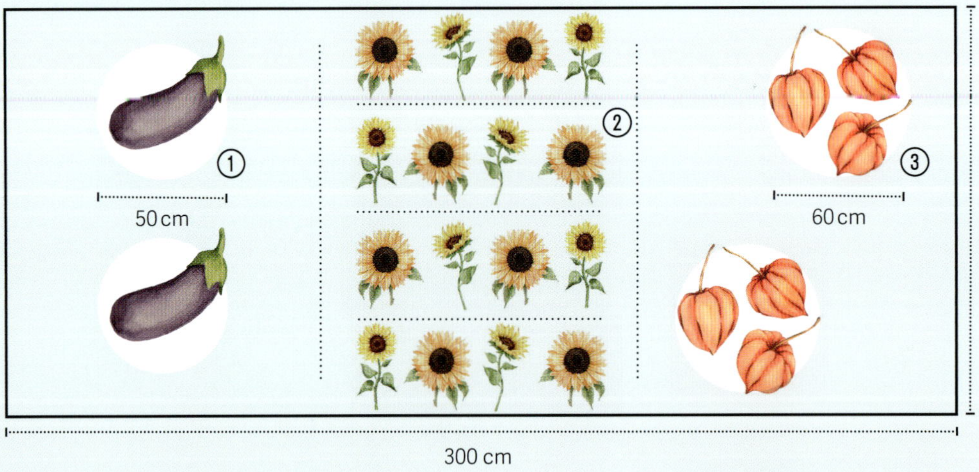

Diesen Beetplan findest du auch im digitalen Workbook.

KREUZBLÜTLER-BEET

In meinem „Kreuzblütler-Beet“ gedeihen prächtiger Brokkoli und zarter Blumenkohl, die mit ihrem satten Grün und cremigen Weiß jeden Blick auf sich ziehen. Umgeben von den knackigen Selleriepflanzen entsteht hier ein harmonisches Zusammenspiel aus Farbe und Textur. Ich spüre die Freude, wenn ich die Köpfe ernte und die frischen Aromen in meiner Küche verwende. Dieses Beet bietet nicht nur gesunde Vielfalt, sondern auch eine belebende Oase der Frische, die ich liebe!

BEET 3

① Brokkoli
② Stangensellerie
③ Blumenkohl

Diesen Beetplan findest du auch im digitalen Workbook.

BUNTES BLATTWERK-BEET

In meinem „Bunten Blattwerk-Beet" wachsen knackiger Salat, leuchtende Rote Bete und der farbenfrohe Mangold in harmonischer Einheit. Die frischen, grünen Blätter des Salats bieten einen wunderbaren Kontrast zu den tiefroten Farben der Bete und dem leuchtenden Gelb, Grün und Pink des Mangolds. Es ist ein wahres Fest der Farben, das ich mit jedem Blick genieße. Wenn ich die ersten Blätter ernte und sie in meinen Salaten verwende, erfüllt mich das mit Zufriedenheit und Freude an dieser gesunden Vielfalt!

BEET 4

① Salat (Abstand entsprechend der Sorte)
② Rote Bete
③ Mangold

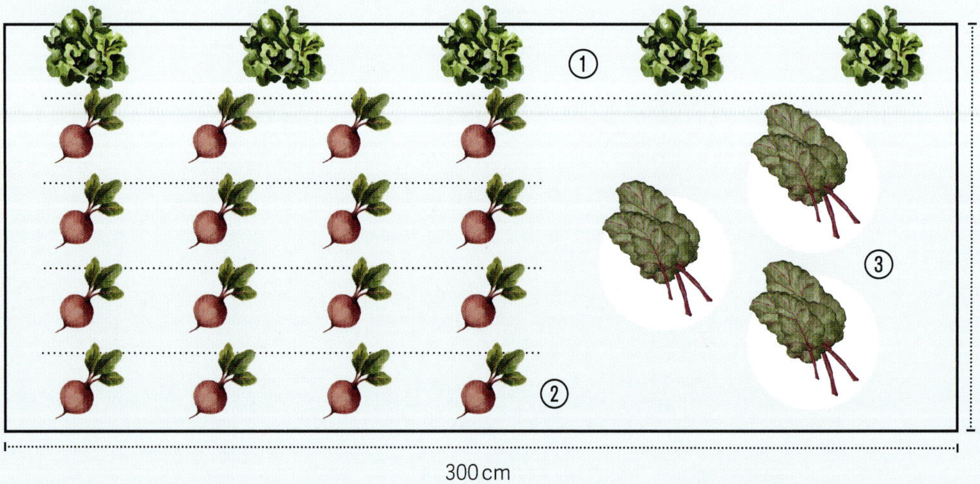

Diesen Beetplan findest du auch im digitalen Workbook.

KOHLGARTEN

In meinem „Kohlgarten" gedeihen prächtiger Weißkohl, aromatischer Wirsing und leuchtender Rotkohl harmonisch nebeneinander. Die dichten Köpfe des Weißkohls stehen stolz in einer Reihe, während der kräftige Wirsing und der farbenfrohe Rotkohl für Abwechslung und Vielfalt sorgen. Diese Kombination ist nicht nur optisch ein Genuss, sondern auch geschmacklich – ich liebe es, sie in verschiedenen Gerichten zu verarbeiten, sei es in herzhaften Eintöpfen, knackigen Salaten oder als Beilage zu meinen Lieblingsgerichten. Jedes Mal, wenn ich ernte, freue ich mich auf die köstlichen Mahlzeiten, die ich aus meinem eigenen Garten zaubern kann!

BEET 5

① Weißkohl 'Nagels Frühweiß'
② Wirsing 'Winterfürst'
③ Rotkohl

Diesen Beetplan findest du auch im digitalen Workbook.

KAPITEL 6

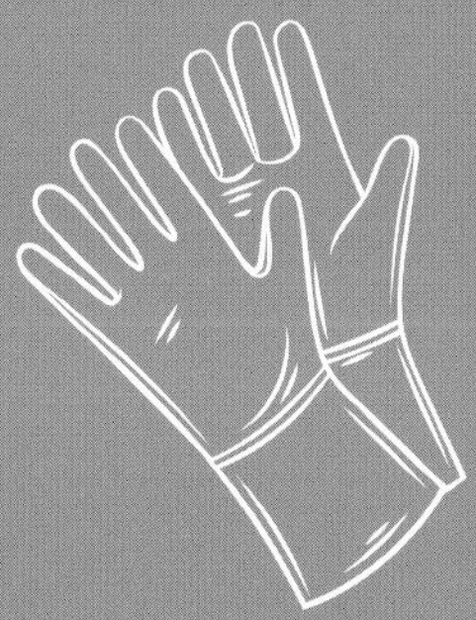

TO-DOS WÄHREND DER SAISON

In diesem Kapitel geht es um die essenziellen Aufgaben, die deinen Nutzgarten während der Saison zum Blühen bringen. Von der richtigen Düngung und dem Mulchen über das Gießen bis hin zur Ernte – all diese Schritte sorgen dafür, dass deine Pflanzen kräftig wachsen und dir reichlich Ertrag schenken. Ich zeige dir, wie du deine Ernte verarbeiten und dein eigenes Saatgut gewinnen kannst, um im nächsten Jahr noch besser vorbereitet zu sein. Lass uns gemeinsam entdecken, was deinen Garten so lebendig macht und wie du ihn optimal pflegst!

DÜNGEN:
MEIN PERSÖNLICHER LEITFADEN FÜR DICH

Wenn du deinen Garten voller gesunder, kräftiger Pflanzen sehen möchtest, ist die richtige Düngung ein entscheidender Schritt. Ich habe viel ausprobiert und gelernt, wie wichtig es ist, den Pflanzen genau das zu geben, was sie brauchen. In diesem Kapitel möchte ich dir zeigen, wie du deine Pflanzen im Nutzgarten am besten düngst.

WARUM IST ES WICHTIG, ZU DÜNGEN?

Der Boden verliert über die Jahre an Fruchtbarkeit, denn deine Pflanzen entziehen dem Boden Nährstoffe. Wenn du ihm diese nicht zurückführst, wird er „ausgelaugt". Regelmäßiges Düngen stellt sicher, dass deine Pflanzen alles haben, um gut zu wachsen und dir eine reiche Ernte zu liefern.

STARK-, MITTEL- UND SCHWACHZEHRER

Pflanzen werden in drei Kategorien eingeteilt, je nachdem, wie viele Nährstoffe sie benötigen:

STARKZEHRER

Diese Pflanzen sind „die Hungrigen" im Garten. Tomaten, Kartoffeln, Kürbis, Kohl und Zucchini gehören zu dieser Kategorie. Sie brauchen während der gesamten Wachstumsperiode regelmäßig Nährstoffe. Ich beginne mit einer Portion Kompost im Frühjahr und dünge sie einmal pro Woche.

MITTELZEHRER

Dazu gehören Möhren, Zwiebeln und Salate. Sie benötigen eine moderate Menge an Nährstoffen. Eine einmalige Gabe Kompost reicht oft aus, wobei ich bei Bedarf gelegentlich nachdünge.

SCHWACHZEHRER

Zu dieser Gruppe gehören Pflanzen wie Kräuter, Bohnen, Erbsen und Feldsalat. Sie kommen mit weniger Nährstoffen aus und benötigen in der Regel nur eine minimale Düngung. Wenn du sie in einem Beet anbaust, in dem zuvor Stark- oder Mittelzehrer gewachsen sind, profitieren sie von den Restnährstoffen im Boden.

MEINE LIEBSTEN DÜNGEMITTEL

Ich habe in meinem Garten viele verschiedene Düngemittel ausprobiert. Auf folgende verlasse ich mich am häufigsten:

LANGZEITDÜNGER

Diese geben Nährstoffe langsam und über einen längeren Zeitraum ab.

Kompost

Er ist das Herzstück meines Gartens. Ich gebe im Frühjahr eine großzügige Schicht auf alle Beete, um die Bodenstruktur zu verbessern. Wer keinen eigenen Kompost hat, sollte auf eine gute Qualität bei Kompostanlagen achten, um Unkrautsamen zu vermeiden.

TIPP: LAUBKOMPOST

Die Erde, die durch Laubkompost entsteht, ist besonders feinkrümelig, weitgehend frei von Unkrautsamen und kostenlos! Dazu sammelst du Laub, welches schnell verrottet (z. B. Obstlaub, Linde, Buche) und füllst es in Säcke (Big-Packs, Müllsäcke oder Säcke von Blumenerde). Mache kleine Löcher in die Säcke, damit Bodenlebewesen hineingelangen können. Das Laub sollte feucht sein. Du kannst auch Urgesteinsmehl hinzufügen oder etwas reifen Kompost. Jetzt brauchst du Geduld, die Verrottung dauert mehrere Monate.

Wenn du wissen willst, ob dein Laubkompost reif ist, kannst du die Erde mit dem Kressetest prüfen. Du nimmst dafür eine Handvoll Erde und gibst Kressesamen darauf. Keimen die Samen bei 15–18 °C, ist das ein gutes Zeichen. Bleiben die Blätter der Kresse in den folgenden Tagen dann auch noch grün, gilt die Erde als reif und kann verwertet werden.

Mist

Gut abgelagerten Mist von Tieren wie Pferden oder Hühnern arbeite ich vorwiegend im Herbst in den Boden ein, um den Boden für Starkzehrer vorzubereiten. Achte hier aber darauf, dass der Mist nicht zu „scharf", also ausreichend zersetzt ist, da er sonst Wurzelschäden verursachen kann.

Hornspäne und Hornmehl

Diese Düngemittel sind reich an Stickstoff und haben eine gute Langzeitwirkung. Sie bestehen aus zerkleinertem Horn. Gibst du eine Handvoll ins Pflanzloch, erhalten die Pflanzen einen großartigen Nährstoffschub.

Brennnesseln

Brennnesseln bieten eine kostengünstige Möglichkeit, Nährstoffe zuzuführen und fördern das Wachstum. Sie werden kleingeschnitten in das Pflanzloch gegeben.

TIPP: SPITZWEGERICH GEGEN BRENNNESSELVERLETZUNGEN

Wer kennt es nicht? Man zupft Unkraut und plötzlich spürt man ein Piken an der Hand. Die Brennnesseln haben wieder zugeschlagen. Meist ist Spitzwegerich nicht weit, deshalb hier mein schneller Tipp gegen Brennnesselschmerzen: Zerreibe einfach ein paar Blätter vom Spitzwegerich und gib sie auf die betroffene Stelle. Diese Paste verringert die Schmerzen sofort! Auch gegen Mückenstiche ist sie ein Wundermittel.

DÜNGEMITTEL MIT SOFORTWIRKUNG

Manchmal brauchen Pflanzen einen schnellen Nährstoffschub. Für solche Fälle verwende ich Düngemittel, die sofort wirken.

Brennnesseljauche

Reich an Stickstoff, Kalium und Mikronährstoffen, gibt sie Starkzehrern wie Tomaten in der Wachstumsperiode einen Schub. Hier ist meine einfache Anleitung zur Herstellung:

1. Materialien: Frische Brennnesseln, ein Eimer (aus Plastik), Regenwasser und optional Gesteinsmehl.

2. Zubereitung: Schneide die Brennnesseln ab und fülle den Eimer zu zwei Dritteln damit. Fülle ihn mit Wasser und decke ihn ab. Lass die Mischung zwei Wochen gären und rühre täglich um.

3. Verdünnung: Die Jauche ist sehr konzentriert. Verdünne einen Teil Jauche mit zehn Teilen Wasser (1:10) und gieße deine Pflanzen damit.

Pflanzenjauchen aus Beinwell oder Ackerschachtelhalm

Diese Jauchen nutze ich gerne, um meine Pflanzen schnell mit wichtigen Nährstoffen zu versorgen, besonders, wenn sie in die Blütephase kommen. Sie sind besonders reich an Kalium und fördern die Blüten- und Fruchtbildung. Sie stärken meine Pflanzen von innen heraus.

Mit Ackerschachtelhalm lässt sich eine tolle Jauche ansetzen, die das Immunsystem der Pflanzen stärkt, gegen Schädlinge wie Blattläuse wirkt und Pilzerkrankungen wie Grauschimmel oder Mehltau abwehrt. Die enthaltene Kieselsäure stärkt ganz gezielt die Zellstruktur und die Blattoberflächen der Pflanzen. Dazu habe ich den Ackerschachtelhalm klein geschnitten, in ein Gefäß gegeben und mit Regenwasser aufgefüllt. Steigen keine Bläschen mehr auf, ist deine Jauche fertig. Dies sollte etwa zwei Wochen dauern.

TIPP

Jauchen können unerträglich stinken. Dies kann man mit etwas Gesteinsmehl unterbinden. Der unangenehme Geruch wird jedoch nicht vollständig verschwinden. Wem das nicht zusagt, kann auf Vinasse zurückgreifen. Vinasse ist ein rein pflanzlicher, veganer Dünger, der bei der Verarbeitung von Zuckerrüben entsteht. Er ist relativ günstig zu bekommen und gut verträglich für so gut wie alle Obst-, Gemüse- und Zierpflanzen.

WANN UND WIE OFT SOLLTE GEDÜNGT WERDEN?

Das Timing spielt bei der Düngung eine große Rolle. Je nach Pflanzenart und Saison gibt es Unterschiede, wann und wie oft gedüngt werden sollte.

STARKZEHRER

Diese Pflanzen brauchen während der gesamten Wachstumsperiode regelmäßig Nährstoffe. Im Frühjahr starte ich mit einer ordentlichen Portion Kompost oder Mist, gefolgt von wöchentlichen Düngergaben.

MITTELZEHRER

Eine einmalige Gabe Kompost im Frühjahr reicht oft aus. Während der Wachstumsperiode dünge ich bei Bedarf gelegentlich nach.

SCHWACHZEHRER

Eine einmalige Gabe Kompost im Frühjahr ist in der Regel ausreichend.

MEIN FAZIT: FINDE DEINE EIGENE BALANCE

Düngung im Nutzgarten ist keine exakte Wissenschaft, sondern eher eine Kunst. Es geht darum, die richtige Balance zu finden und die Bedürfnisse deiner Pflanzen zu kennen. Mit organischen Düngemitteln wie Kompost, Mist und Pflanzenjauchen habe ich die besten Erfahrungen gemacht. Experimentiere und finde heraus, was für dich und deinen Garten am besten funktioniert. Ein gesunder Boden ist die Grundlage für einen erfolgreichen Garten, und mit der richtigen Pflege wirst du Jahr für Jahr Freude an deiner Gartenarbeit haben!

MEIN GEHEIMNIS FÜR GESUNDE PFLANZEN: MULCHEN

Als leidenschaftliche Hobbygärtnerin habe ich über die Jahre viele Methoden ausprobiert, um meine Pflanzen bestmöglich zu versorgen. Eine Technik, die ich nie mehr missen möchte, ist das Mulchen. Es gibt kaum etwas, das so einfach anzuwenden ist und gleichzeitig so viele Vorteile für deinen Garten bietet.

WARUM IST MULCHEN WICHTIG?

Mulchen bedeutet, den Boden mit einer schützenden Schicht zu bedecken. Diese Schicht wirkt wie eine natürliche Barriere, die mehrere Vorteile hat:

- **Unkrautunterdrückung:** Mulch verhindert, dass Licht auf den Boden trifft und somit Unkrautsamen keimen können. Das bedeutet für dich weniger Arbeit mit dem Jäten, und deine Pflanzen müssen nicht mit Unkraut um Nährstoffe und Wasser konkurrieren.
- **Feuchtigkeitsspeicherung:** Eine Mulchschicht hilft, die Feuchtigkeit im Boden zu halten, da sie die Verdunstung reduziert. Das ist besonders in heißen Sommern ein großer Vorteil, weil du weniger gießen musst und die Pflanzen trotzdem gut versorgt sind.
- **Bodenschutz:** Mulch schützt den Boden vor Erosion durch Wind und Regen. Er bewahrt die Bodenstruktur und verhindert das Verkrusten der Oberfläche, was die Wurzeln besser atmen lässt und die Aufnahme von Wasser und Nährstoffen erleichtert.

- **Nährstoffversorgung:** Viele Mulcharten, vor allem organische, zersetzen sich im Laufe der Zeit und reichern den Boden mit wertvollen Nährstoffen an. Das verbessert die Bodenfruchtbarkeit und unterstützt das Pflanzenwachstum auf natürliche Weise.
- **Bodenleben fördern:** Mulch bietet Schutz und Nahrung für Bodenorganismen wie Regenwürmer, die den Boden lockern und fruchtbar machen. Ein gesunder Boden ist die Grundlage für kräftige Pflanzen.

VERSCHIEDENE MULCHMATERIALIEN UND IHRE VOR- UND NACHTEILE

Es gibt eine Vielzahl von Materialien, die du zum Mulchen verwenden kannst. Jedes Material hat seine eigenen Vor- und Nachteile, und je nach Garten und Vorlieben kannst du das passende für dich finden.

RASENSCHNITT

Rasenschnitt ist in fast jedem Garten verfügbar und lässt sich leicht auf die Beete auftragen. Er enthält viele Nährstoffe, vor allem Stickstoff, den die Pflanzen für ihr Wachstum benötigen. Er zersetzt sich relativ schnell und reichert den Boden mit organischem Material an. Zudem kostet er nichts und spart dir den Aufwand, den Grasschnitt anderweitig zu entsorgen. Zu dick aufgetragen, kann Rasenschnitt faulen und einen unangenehmen Geruch verbreiten. Um das zu vermeiden, sollte er in dünnen Schichten aufgetragen und regelmäßig erneuert werden. Sei dir auch darüber bewusst, dass, wenn du Rasenschnitt aus blühenden Gräsern verwendest, es sein kann, dass du dir dadurch die Samen und somit Unkraut in dein Beet holst .

STROH

Stroh eignet sich besonders gut für Gemüsegärten. Ich persönlich mulche meine Erdbeeren mit Stroh, so bleiben sie trocken und sauber. Die Vorteile von Stroh sind, dass es schnell verteilt werden kann, effektiv Unkraut unterdrückt und sich langsamer als Rasenschnitt zersetzt. Der Nachteil ist, dass es bei der Zersetzung dem Boden Stickstoff entziehen kann, was du durch zusätzliche Düngung ausgleichen solltest. Darüber hinaus kann Stroh Unkrautsamen enthalten, wenn es nicht sorgfältig ausgewählt wird. Zudem kann es bei Wind wegfliegen und ist dann überall zu finden, nur nicht in deinem Beet.

RINDENMULCH

Rindenmulch wird oft in Ziergärten verwendet, kann aber auch im Nutzgarten nützlich sein, besonders unter Gehölzen oder in Beerensträuchern. Vor allem bei Pflanzen wie Blaubeeren, die sauren Boden bevorzugen, stellt er eine super Variante dar. Rindenmulch zersetzt sich sehr langsam und bietet dadurch einen langanhaltenden Schutz gegen Unkraut. Er sieht ordentlich aus und wirkt dekorativ. Ein Nachteil ist, dass er wenig Nährstoffe enthält und dadurch dem Boden Stickstoff entzieht. Er ist daher nicht für alle Pflanzen geeignet und sollte nicht für Gemüsebeete genutzt werden.

SCHAFWOLLE

Schafwolle ist ein nährstoffreicher Mulch, der besonders im Gemüsebeet wahre Wunder wirken kann. Es versorgt den Boden mit einer Vielzahl an Nährstoffen und verbessert gleichzeitig die Bodenstruktur. Man bekommt Schafwolle relativ günstig, wenn man bei einem Schäfer oder einer Schäferin freundlich nachfragt. Schafwolle zersetzt sich relativ langsam und fördert das Bodenleben intensiv. Allerdings hat dies auch den Nachteil, dass man teilweise noch die untergegrabene Wolle aus dem vergangenen Jahr in Fetzen aus den Beeten zieht. Das kann die Neubepflanzung erschweren.

LAUB

Laub eignet sich hervorragend als Mulchschicht für den Winter, um den Boden vor Frost zu schützen. Es ist kostenlos und in den meisten Gärten reichlich vorhanden. Es bietet eine gute Isolationsschicht und fördert das Bodenleben. Achte darauf, Blätter zu verwenden, die sich schnell zersetzen (z. B. Linde). Laub kann allerdings dazu neigen, eine dichte, erstickende Schicht zu bilden, die Wasser schlecht durchlässt. Es sollte deshalb nicht zu dick aufgetragen werden.

WARUM RASENSCHNITT MEIN FAVORIT IST

Rasenschnitt hat sich in meinem Garten über die Jahre als unschlagbares Mulchmaterial erwiesen. Er ist leicht verfügbar, einfach zu handhaben und bietet genau die richtige Balance zwischen schnellem Nährstoffnachschub und Bodenbedeckung. Besonders in den Sommermonaten, wenn das Gras kräftig wächst und wir häufig mähen müssen, ist es praktisch, den Rasenschnitt direkt als Mulch zu verwenden. Das spart nicht nur Zeit, sondern schließt auch den Nährstoffkreislauf im Garten auf natürliche Weise.

Ich verwende frischen Rasenschnitt in dünnen Schichten von etwa 2 bis 3 Zentimetern, die ich regelmäßig erneuere, sobald sie sich zersetzen. Dadurch bleibt der Boden immer gut bedeckt, das Unkraut hat kaum eine Chance, und meine Pflanzen danken es mir mit gesundem Wachstum und reicher Ernte. Besonders Tomaten und Kürbisgewächse profitieren enorm von dieser Form der Düngung.

TIPPS

- Achte darauf, den Mulch gleichmäßig auf die Beete zu verteilen, um überall die gleichen Bedingungen zu schaffen. Er sollte nicht zu dicht geschichtet werden.
- Besonders organische Mulchmaterialien zersetzen sich mit der Zeit. Erneuere die Mulchschicht regelmäßig, um die positiven Effekte aufrechtzuerhalten.
- Passe den Mulch an den Pflanzenbedarf an, denn unterschiedliche Pflanzen haben unterschiedliche Bedürfnisse. Während Starkzehrer wie Kürbis und Tomaten von einem stickstoffreichen Mulch wie Rasenschnitt profitieren, sollten Pflanzen wie Erdbeeren oder Kräuter eher mit nährstoffärmeren Materialien gemulcht werden.

→ Mulchen ist für mich eine unverzichtbare Methode, um meinen Garten gesund und ertragreich zu halten. Es ist eine einfache, aber effektive Technik, die dir viele Vorteile bringt, ohne viel Aufwand zu erfordern. Probier es aus und finde heraus, welches Mulchmaterial für deinen Garten am besten geeignet ist.

GIESSEN
IM GEMÜSEGARTEN

Ich habe viele Gießtechniken ausprobiert und dabei herausgefunden, was am besten funktioniert. Es gibt eine Menge Faktoren, die eine Rolle spielen, um die perfekte Balance zu finden. Das Wetter, der Standort deiner Beete, die dir zur Verfügung stehende Zeit und der Zugang zu Wasser sind dabei wichtige Punkte. Meine Methode basiert auf seltenem, aber durchdringendem Gießen. Diese Technik hat sich für mich als besonders effektiv erwiesen, weil sie die Pflanzen stärkt und gleichzeitig Wasser spart – eine wichtige Ressource in jedem Garten. Gleichzeitig habe ich für einige Beete in eine automatische Bewässerung investiert.

WARUM SELTENES, DURCHDRINGENDES GIESSEN BESSER IST

Der Grund dafür, warum ich den Garten nicht täglich mit Wasser versorge, liegt in der Art und Weise, wie Pflanzenwurzeln wachsen. Wenn du deinen Garten regelmäßig mit kleinen Wassermengen versorgst, bleiben die Wurzeln an der Oberfläche, weil dort ständig Wasser verfügbar ist. Dies führt dazu, dass die Pflanzen flach wurzeln und anfälliger für Trockenperioden werden. Durchdringendes Gießen, bei dem der Boden bis in die Tiefe durchnässt wird, fördert hingegen das Wachstum tiefer Wurzeln. Diese Wurzeln können in Trockenzeiten auf tieferliegende Wasservorräte zurückgreifen, was den Pflanzen hilft, auch bei extremen Wetterbedingungen gesund zu bleiben. Tief wurzelnde Pflanzen sind widerstandsfähiger und benötigen weniger häufig Wasser, was den Gießaufwand reduziert.

GIESSINTERVALLE UND WASSERMENGEN

Wie oft und wie viel du gießen solltest, hängt von vielen Faktoren ab, wie dem Wetter, der Jahreszeit und dem Bodentyp. Im Allgemeinen empfehle ich, den Garten etwa ein- bis zweimal pro Woche durchdringend zu gießen. In heißen Sommermonaten kann es notwendig sein, deutlich häufiger zu gießen, aber achte immer darauf, den Boden nicht zu übersättigen.

Ein Anhaltspunkt für die richtige Menge ist, den Boden nach dem Gießen etwa 15 bis 20 Zentimeter tief durchfeuchtet zu haben. Das entspricht ungefähr 10 bis 20 Litern Wasser pro Quadratmeter, je nach Bodentyp.

DER FINGER-TEST

Bevor ich meine Gießkanne oder den Gartenschlauch in die Hand nehme, mache ich immer den Finger-Test. Dieser einfache Test hilft mir, die tatsächliche Feuchtigkeit des Bodens zu bestimmen und zu entscheiden, ob es wirklich Zeit zum Gießen ist. Du brauchst dazu kein teures Gerät – dein Finger reicht völlig aus.
Stich einfach deinen Finger etwa 5 bis 7 Zentimeter tief in die Erde. Wenn sich der Boden in dieser Tiefe feucht anfühlt, kannst du das Gießen noch etwas hinauszögern. Ist der Boden hingegen trocken, ist es Zeit für eine gründliche Bewässerung. Dieser Test hilft mir, das Gießen besser zu planen und zu vermeiden, dass die Pflanzen zu viel oder zu wenig Wasser bekommen.

WARUM REGENWASSER DIE BESTE WAHL IST

Wenn es ums Gießen geht, bevorzuge ich Regenwasser, wann immer es möglich ist. Es gibt mehrere Gründe, warum Regenwasser für deine Pflanzen besser ist als Leitungswasser. Zum einen ist Regenwasser **frei von chemischen Zusätzen** wie Chlor oder Fluorid, die im Leitungswasser enthalten sein können. Diese Chemikalien können den Boden auf Dauer belasten und das Wachstum empfindlicher Pflanzen beeinträchtigen.
Regenwasser hat außerdem eine leicht **saure Zusammensetzung**, die den meisten Pflanzen im Gemüsegarten zugutekommt. Viele Gemüsesorten bevorzugen einen leicht sauren Boden, und das Gießen mit Regenwasser kann helfen, den pH-Wert des Bodens im optimalen Bereich zu halten.
Regenwasser wird oft oberirdisch aufbewahrt und hat somit die **perfekte Temperatur**. Deine Pflanzen bekommen keinen Schock von zu kaltem Gießwasser. Gurken im Gewächshaus gieße ich sogar nur mit dem Wasser, welches bereits seit dem Vortag in der Gießkanne im Gewächshaus steht.
Zusätzlich ist Regenwasser **weicher als Leitungswasser**, was bedeutet, dass es weniger Kalk enthält. Kalkablagerungen im Boden können auf Dauer zu einer Versalzung führen, was das Pflanzenwachstum hemmt. Wenn du also die Möglichkeit hast, Regenwasser zu sammeln – zum Beispiel in einer Regentonne – solltest du diese natürliche Ressource unbedingt nutzen. Wir haben in verschiedenen Tonnen und Systemen sehr viel Regenwasser. Die Tonnen und Systeme sind miteinander verbunden, um uns lange Laufwege zu ersparen.

TIPP: REGENTONNE MIT LOCH IM DECKEL

Ein einfacher Tipp zur Regenwassernutzung: Nutze eine Regentonne mit mindestens einem Loch im Deckel! Warum? So kannst du Regenwasser sammeln, ohne die Tonne offen zu lassen. Das verhindert, dass Tiere hineinfallen und ertrinken, und an heißen Tagen verdunstet weniger Wasser, da es zurück in die Tonne tropft.

Ich habe mit einem Bohrer ein Loch in den Deckel gemacht und ihn verkehrt herum auf die Tonne gelegt. Ein größeres Loch in der Mitte hilft bei starkem Regen. Der Deckel hält vielleicht nicht ewig, aber das ist es mir wert.

DIE BESTE ZEIT ZUM GIESSEN

Eine Frage, die mir oft gestellt wird, ist, wann der beste Zeitpunkt zum Gießen ist. Die Antwort darauf ist einfach: am frühen Morgen. Frühmorgens sind die Temperaturen noch niedrig, und das Wasser kann langsam in den Boden einsickern, ohne dass es schnell verdunstet. Die Pflanzen haben dann den ganzen Tag über Zugang zu Feuchtigkeit, was ihnen hilft, die Hitze des Tages besser zu überstehen. Ein weiterer Vorteil ist, dass die Blätter der Pflanzen die Möglichkeit haben, schnell zu trocknen. Nasse Blätter in der Nacht bieten einen idealen Nährboden für Pilzsporen, die sich rasch ausbreiten können. Außerdem zieht ein feuchter Boden Nacktschnecken an und die kann nun wirklich niemand gebrauchen.

Im Umkehrschluss bedeutete das für mich, zum Teil bereits um 4 Uhr morgens aufzustehen, um noch vor der Arbeit meine Pflanzen zu gießen. Durch ein Bewässerungssystem hat sich der Aufwand mittlerweile jedoch deutlich verringert.

DIE RICHTIGE STELLE ZUM GIESSEN

Ich gieße immer an der Wurzel und versuche, dabei so wenig wie möglich zu spritzen, damit die Blätter der Pflanze so trocken wie möglich bleiben. Achte auch darauf, die Wurzeln nicht durch den Druck des Wassers freizulegen.

VERSCHIEDENE GIESSMETHODEN

Es gibt viele Möglichkeiten, wie du deinen Gemüsegarten bewässern kannst, und jede Methode hat ihre eigenen Vor- und Nachteile. Hier sind einige der gängigsten Methoden und Hilfsmittel, die du in deinem Garten verwenden kannst:

GIESSKANNE

Das Gießen mit der Gießkanne eignet sich besonders gut für kleinere Gärten oder einzelne Pflanzen, die gezielt gegossen werden sollen. Du kannst mit der Gießkanne das Wasser genau dort platzieren, wo es benötigt wird, ohne dass es weggespült wird. Es können auch gezielt die Blätter gemieden werden, um Pilzkrankheiten vorzubeugen. Für größere Flächen ist das Gießen mit der Gießkanne allerdings sehr zeitaufwendig und körperlich anstrengend.

GARTENSCHLAUCH

Der Gartenschlauch ist ideal, wenn du größere Flächen bewässern musst. Mit einem passenden Aufsatz kannst du den Wasserstrahl an die Bedürfnisse deiner Pflanzen anpassen. Es besteht allerdings die Gefahr, ungewollt die Blätter der Pflanzen nass zu machen, was das Risiko von Pilzkrankheiten erhöht. Außerdem kann es schwierig sein, die richtige Menge Wasser zu dosieren. Des Weiteren kommt das Wasser meist aus der Leitung und ist sehr kalt. Das kann bei Pflanzen und Wurzeln einen Schock verursachen.

TRÖPFCHENBEWÄSSERUNG (AUTOMATISCHE BEWÄSSERUNG)

Die Tröpfchenbewässerung ist eine wassersparende Gießmethode, durch die das Wasser gezielt an die Wurzeln geleitet wird. Dies reduziert das Risiko von Krankheiten, da die Blätter trocken bleiben. Meine Hochbeete und Freilandbeete sind mittlerweile mit einer automatischen Bewässerung ausgestattet. Für mich ist das eine wahnsinnige Arbeitserleichterung und selbst im Urlaub kann ich mir sicher sein, dass meine Pflanzen gut versorgt sind. Die Installation kann allerdings zeitaufwendig und teuer sein. Zudem ist eine regelmäßige Wartung erforderlich, um Verstopfen zu vermeiden.

REGENTONNEN UND BEWÄSSERUNGSSYSTEME

Regentonnen sind eine umweltfreundliche und kostensparende Möglichkeit, Regenwasser zu sammeln. In Kombination mit einem Bewässerungssystem kannst du dein gesammeltes Regenwasser effizient verteilen. Die Installation kann allerdings aufwendig sein und du musst darauf achten, dass die Tonne regelmäßig geleert wird, um Algenbildung und andere Probleme zu vermeiden. Im Winter sollten Regentonnen entleert werden, da sie sonst zu platzen drohen. Alternative Möglichkeiten, um Regenwasser zu sammeln, stellen Zisternen und IBC-Tanks dar.

→ Gießen ist eine der grundlegenden Aufgaben im Garten, die jedoch viel Fingerspitzengefühl erfordert. Es geht nicht nur darum, die Pflanzen regelmäßig zu bewässern, sondern das Gießen so zu planen, dass die Pflanzen stark und widerstandsfähig werden. Durchdringendes Gießen, der Einsatz von Regenwasser und das richtige Timing sind dabei entscheidend.

WIE UND WANN DU DEINE GARTENFRÜCHTE ERNTEST

Nichts ist erfüllender, als das zu ernten, was du mit Liebe und Hingabe angebaut hast. Doch gerade als Anfänger*in kann die Frage, wann und wie du deine Früchte und Gemüse ernten solltest, herausfordernd sein. In diesem Leitfaden zeige ich dir, wie du den perfekten Erntezeitpunkt bestimmst und was du beim Pflücken und Sammeln beachten musst.

BLATTGEMÜSE: SALAT, SPINAT & CO.

Blattgemüse gehört zu den ersten Pflanzen, die du in deinem Garten ernten kannst. Da es relativ schnell wächst, ist es ideal für ungeduldige Gärtner*innen.

WANN ERNTEN?

Der perfekte Zeitpunkt für die Ernte ist gekommen, wenn die Blätter groß genug sind, aber noch zart schmecken. Bei Salat und Spinat solltest du ernten, bevor die Pflanze beginnt, Blütenstängel zu bilden, da die Blätter dann oft bitter werden. Salate ernte ich am liebsten kurz bevor ich sie verwende.

WIE ERNTEN?

Ernte die äußeren Blätter zuerst, indem du sie vorsichtig abknipst oder abschneidest. Lasse das Herz der Pflanze unberührt, damit sie weiterwachsen und neue Blätter bilden kann. Bei Kopfsalaten kannst du den gesamten Kopf ernten, indem du ihn mit einem scharfen Messer knapp über dem Boden abschneidest. Bei einigen Salatsorten lohnt es sich, die Wurzeln in der Erde zu lassen, da sich neue Blätter bilden und du mehrfach ernten kannst.

WURZELGEMÜSE: MÖHREN, RADIESCHEN & KARTOFFELN

Wurzelgemüse wächst im Verborgenen, aber mit ein paar Tricks kannst du den richtigen Zeitpunkt zum Ernten leicht bestimmen.

WANN ERNTEN?

Möhren und Radieschen sind reif, wenn sie die für die Sorte typische Größe erreicht haben. Dafür ist es wichtig, deine Sorte und das gewünschte Endergebnis zu kennen. Prüfe die Größe, indem du etwas Erde beiseiteschiebst und den oberen Teil der Wurzel betrachtest. Kartoffeln sind bereit für die Ernte, sobald das Laub vergilbt und abstirbt.

WIE ERNTEN?

Ziehe Möhren und Radieschen vorsichtig an den Blättern aus der Erde. Einfacher geht es, wenn du das Wurzelgemüse vorher nochmal vorsichtig in die Erde hineindrückst. Kartoffeln gräbst du am besten mit einer Grabegabel aus, um die Knollen nicht zu beschädigen. Arbeite dabei vorsichtig, um alle Knollen zu finden und die Ernte möglichst vollständig zu machen. Ich persönlich liebe es, Kartoffeln in Pflanzsäcken anzubauen. Die kannst du einfach in eine Schubkarre auskippen und die Kartoffeln heraussammeln.

FRUCHTGEMÜSE: TOMATEN, ZUCCHINI & PAPRIKA

Fruchtgemüse bringt Farbe und Geschmack in deinen Garten. Ihre Ernte ist oft am einfachsten, weil die Früchte deutlich sichtbar sind.

WANN ERNTEN?

Hier gibt es keine einfache Regel. Tomaten erntest du, wenn sie vollständig durchgefärbt und leicht weich sind. Auch hier solltest du die Zielfarbe und -größe kennen. Zucchini sollten jung geerntet werden, solange sie noch klein und zart sind – etwa bei einer Länge von 15 bis 20 cm. Paprika kannst du in verschiedenen Reifestadien ernten, je nachdem, wie süß du sie magst.

WIE ERNTEN?

Tomaten und Paprika drehst du leicht am Stiel, bis sie sich lösen. Viele Tomatensorten haben eine Sollbruchstelle. Wenn die Tomate reif ist, lässt sie sich hier ganz einfach abbrechen. Bei Zucchini schneidest du die Frucht mit einem Messer oder einer Schere vom Hauptstängel ab. Achte darauf, die Pflanze nicht zu beschädigen, damit sie weiterhin Früchte trägt.

BEERENOBST: ERDBEEREN, HIMBEEREN & CO.

Beeren sind oft der Höhepunkt der Gartensaison. Ihre Ernte ist ein Fest für alle Sinne – sie sehen toll aus, riechen fantastisch und schmecken himmlisch.

WANN ERNTEN?

Beeren sind dann reif, wenn sie ihre sortentypische Farbe und eventuell einen vollen, aromatischen Duft entwickelt haben. Erdbeeren sollten tiefrot sein, ohne grüne oder weiße Stellen. Himbeeren lassen sich leicht vom Strauch lösen, wenn sie reif sind.

WIE ERNTEN?

Beeren erntest du am besten in den frühen Morgenstunden, wenn sie noch kühl sind. Pflücke sie vorsichtig, da sie leicht zerquetscht werden. Bei Erdbeeren solltest du den grünen Kelch am Fruchtansatz dranlassen, um die Haltbarkeit zu verlängern.

KRÄUTER: BASILIKUM, PETERSILIE & CO.

Kräuter sind das i-Tüpfelchen deiner Gartenernte. Sie verfeinern jedes Gericht und sind zudem sehr pflegeleicht.

WANN ERNTEN?

Ernte Kräuter am besten kurz bevor sie blühen, da sie dann am aromatischsten sind. Die Blätter sollten gesund und kräftig aussehen. Schneide die Triebe morgens ab, nachdem der Tau getrocknet ist und bevor die Sonne zu stark wird.

WIE ERNTEN?

Schneide die Triebe mit einer scharfen Schere ab. Bei mehrjährigen Kräutern wie Rosmarin oder Thymian kannst du die jungen, weichen Triebe zurückschneiden. Verwende die Kräuter frisch oder trockne sie an einem schattigen, luftigen Ort. Viele Kräuter haben am Stängel mehrere Blätter. Am besten schneidest du mit einer scharfen Schere genau über einem Blattpaar ab, dann können sich dort neue Triebe bilden und deine Pflanze wird schön buschig.

> → Nun bist du bereit, das Beste aus deinem Garten herauszuholen. Denke daran: Übung macht den Meister. Mit jeder Ernte wirst du sicherer und erfahrener.

WIE DU DEINE GARTENFRÜCHTE VERARBEITEST: EINFACHE UND LECKERE MÖGLICHKEITEN

Herzlichen Glückwunsch zu deiner erfolgreichen Ernte! Jetzt, wo du die Früchte deiner Arbeit in den Händen hältst, stellt sich die Frage: Wie möchtest du sie am besten verarbeiten? Erinnere dich an deine Liste vom Anfang des Buches. Du hast nun die Zutaten für die Lieblingsgerichte in der Hand. Die Möglichkeiten sind nahezu endlos, aber das Wichtigste ist, dass du dich auf das konzentrierst, was du und deine Familie am liebsten esst. Schließlich ergibt es keinen Sinn, stundenlang einzukochen, nur um etwas zu lagern, das später keiner wirklich mag. Lass uns gemeinsam herausfinden, wie du deine Ernte am besten verwertest.

TOMATEN: PERFEKT FÜR PASTA, PIZZA UND CO.

Wenn du, wie wir, viel Pasta und Pizza liebst, sind Tomaten wahrscheinlich ein wichtiger Bestandteil deiner Küche. Tomaten lassen sich auf verschiedene Arten verarbeiten, und viele der Methoden sind ideal, um den Geschmack des Sommers für den Winter zu bewahren.

TOMATENSOSSE UND TOMATENMARK

Frische, reife Tomaten sind die perfekte Basis für eine köstliche Tomatensoße. Koche die Tomaten mit etwas Zwiebel, Knoblauch, Salz und frischen Kräutern wie Basilikum und Oregano ein, bis sie weich sind. Anschließend kannst du die Soße pürieren und durch ein Sieb streichen, um eine glatte Konsistenz zu erhalten. Wenn du die Soße einkochst, hält sie sich mehrere Monate und ist eine wunderbare Basis für Pasta, Pizza und viele andere Gerichte. Für Tomatenmark koche Tomaten einfach weiter ein, bis sie eine dicke, konzentrierte Konsistenz erreichen. So kannst du den intensiven Tomatengeschmack auch in kleinen Mengen nutzen. Einkochen ist gar nicht so schwierig und du benötigst kein besonderes Equipment. Ausgekochte Gläser und ein Backofen reichen aus.

SALATE: FRISCH UND GESUND DAS GANZE JAHR

Frische Salate sind bei uns ein Muss – und aus dem eigenen Garten schmecken sie einfach am besten. Wenn du Salat genauso liebst wie ich, kannst du deine eigenen Blätter mit frischen Kräutern kombinieren und einen herrlichen Blattsalat zaubern. Stell dir vor, wie du knackige Bohnen, Zwiebeln und frische Kräuter direkt aus deinem Garten für einen herzhaften Bohnensalat verwendest. Oder wie du Tomaten, Gurken und Radieschen erntest und zu Salaten oder kombiniert zu einem bunten Sommersalat zusammenstellst. Deiner Kreativität sind keine Grenzen gesetzt – alles, was du brauchst, wächst schon bald in deinem Garten.

KRÄUTER

Wenn dein Schnittlauch blüht, kannst du die schönste Kräuterbutter der Welt machen. Ernte dafür Kräuter deiner Wahl, bei mir waren es Petersilie und Schnittlauch. Auch Schnittlauchblüten kamen dazu. Die Kräuter habe ich klein geschnitten, die Blüten abgezupft und zusammen mit etwas Salz mit der Butter vermengt. Lasse die Butter etwas ruhen, damit die Aromen sich entfalten können.
Diese selbstgemachte Kräuterbutter ist das Highlight bei jedem Grillabend und sorgt immer für Gesprächsstoff. Sie ist nicht nur lecker, sondern auch ein echter Hingucker auf dem Tisch.

Frische Kräuter kannst du durch Trocknen oder Einfrieren haltbar machen. Petersilie, Basilikum und Schnittlauch lassen sich wunderbar klein hacken und einfrieren. Trocknen funktioniert besonders gut bei robusteren Kräutern wie Thymian oder Rosmarin. So hast

du auch in den kälteren Monaten immer etwas Frisches für deine Salate oder Tees und Aufgüsse parat. Hierzu benötigst du nicht unbedingt einen Dörrautomaten. Hänge die Kräuter in kleinen Stäußen auf oder lege feinere Kräuter zum Trocknen aus. Achte darauf, dass von allen Seiten immer frische Luft an die Kräuter kommt. Sehen sie richtig trocken und kross aus und rascheln sie bei Berührung, sind sie fertig und können gelagert werden. Meist nutze ich dafür lichtundurchlässige Gläser.

OBST

Wenn du, wie ich, Obst liebst, dann möchtest du sicher auch in den Wintermonaten nicht auf den süßen Geschmack von Kirschen, Pflaumen und Pfirsichen verzichten. Einwecken ist eine hervorragende Möglichkeit, um die Sommerfrüchte für die Zeit zu bewahren, in der es kaum frisches Obst gibt.

OBST EINKOCHEN UND EINWECKEN

Für die Zubereitung von eingekochtem Obst benötigst du lediglich frische Früchte, Zucker und Einmachgläser. Entkerne und schneide die Früchte, koche sie mit etwas Zucker und fülle sie heiß in sterile Gläser. Achte darauf, die Gläser gut zu verschließen und sie anschließend in einem Wasserbad oder Einkochtopf zu erhitzen, um sie haltbar zu machen. So hast du auch im tiefsten Winter immer ein Stück Sommer zur Hand, sei es für Desserts, Kuchen oder einfach zum Naschen.

OBST ALS MARMELADE

Eine weitere wunderbare Methode, Obst zu verarbeiten, ist die Herstellung von Marmelade oder Fruchtaufstrichen. Dies ist besonders praktisch, wenn du viele Früchte auf einmal erntest und sie nicht alle frisch verzehren kannst.
Für Marmelade koche die Früchte mit Gelierzucker und etwas Zitronensaft ein, bis sie eine gelartige Konsistenz erreichen. Fülle die heiße Marmelade in sterile Gläser und verschließe sie sofort.

→ Es ist wichtig, dass du die Methoden wählst, die am besten zu deinem Geschmack und deinen Essgewohnheiten passen. Ob du nun Tomaten zu Soße und Mark verarbeitest, eigene Kräuter das ganze Jahr über genießt oder süßes Obst für den Winter konservierst – das Wichtigste ist, dass du Freude daran hast, deine Ernte in all ihren Formen zu genießen. So bleibt der Sommergeschmack das ganze Jahr über in deiner Küche erhalten.

SAATGUT SELBST GEWINNEN

Du hast dir viel Mühe gegeben, deinen Garten zu pflegen, und jetzt möchtest du vielleicht den nächsten Schritt gehen: dein eigenes Saatgut gewinnen. Es gibt kaum etwas Erfüllenderes als zu wissen, dass die Pflanzen, die du pflegst, aus Samen stammen, die du selbst gesammelt hast. Das bedeutet nicht nur mehr Unabhängigkeit, sondern auch eine größere Vielfalt in deinem Garten.

TOMATEN

Saatgut von Tomaten zu gewinnen, ist nicht nur einfach, sondern auch eine wunderbare Möglichkeit, deine Lieblingssorten Jahr für Jahr zu erhalten.

SAATGUT VON TOMATEN GEWINNEN

1. Wähle eine vollreife, gesunde Frucht aus. Idealerweise solltest du die größte und schönste Tomate von der kräftigsten Pflanze auswählen. Diese Tomate sollte vollständig ausgereift sein, fast schon überreif, um sicherzustellen, dass die Samen voll entwickelt sind.
2. Schneide die Tomate in der Mitte durch und entnimm die Samen samt dem umgebenden Fruchtfleisch. Am besten verwendest du dafür einen Löffel.
3. Die Samen müssen fermentiert werden, um die keimhemmende Schicht zu entfernen. Gib die Samen und das Fruchtfleisch in ein Glas oder einen kleinen Behälter und füge etwas Wasser hinzu. Decke den Behälter ab und lasse ihn etwa drei bis vier Tage bei Raumtemperatur stehen. Während dieser Zeit bildet sich Schimmel auf der Oberfläche – das ist völlig normal und notwendig für die Fermentation.

TIPP: BESCHRIFTEN

Bei jedem Schritt ist es wichtig, akribisch zu beschriften. Mir ist es nicht nur einmal passiert, dass ich durcheinandergekommen bin und im kommenden Jahre eine Überraschungstomate ausgesät habe.

4. Nach drei bis vier Tagen gießt du den Inhalt des Behälters durch ein Sieb und spülst die Samen gründlich unter fließendem Wasser ab. Dabei werden die letzten Fruchtfleischreste entfernt.
5. Breite die Samen auf einem sauberen Tuch oder auf Küchenpapier aus und lasse sie an einem luftigen, schattigen Ort vollständig trocknen. Dies kann einige Tage dauern. Achte darauf, dass die Samen nicht zu warm liegen, da dies die Keimfähigkeit beeinträchtigen kann.
6. Sobald die Samen trocken sind, bewahrst du sie am besten in einem beschrifteten Papierumschlag oder einem Glas an einem kühlen, trockenen Ort auf. Vergiss nicht, das Jahr und die Sorte auf dem Umschlag oder dem Glas zu notieren.

SAATGUT VON ERBSEN UND BOHNEN

Das Saatgut von Erbsen und Bohnen ist ebenso einfach wie von Tomaten zu gewinnen. Diese Pflanzen gehören zu den Selbstbefruchtern, was bedeutet, dass die Pflanzen durch ihre eigenen Blüten bestäubt werden und daher sortenrein bleiben, wenn du sie anbaust.

SAATGUT VON ERBSEN GEWINNEN

1. Lasse einige Schoten an den Pflanzen hängen, bis sie vollständig ausgereift und trocken sind. Die Schoten sollten sich papierartig anfühlen und die Samen darin hart sein.
2. Pflücke die trockenen Schoten und öffne sie, um die Erbsensamen zu entnehmen.
3. Die Erbsen sollten an einem trockenen Ort weitergetrocknet werden, bis sie völlig hart sind. Danach kannst du sie, wie die Tomatensamen, in einem beschrifteten Papierumschlag oder Glas aufbewahren.

SAATGUT VON BOHNEN GEWINNEN

Der Vorgang für Bohnen ist fast identisch mit dem der Erbsen. Auch hier lässt du die Schoten so lange an der Pflanze, bis sie getrocknet und ausgereift sind. Dann sammelst du die Bohnen, trocknest sie weiter und lagerst sie wie das Saatgut von Erbsen.

SALAT

Salate gehören ebenfalls zu den Pflanzen, von denen du leicht Saatgut gewinnen kannst.

SAATGUT VON SALAT GEWINNEN

1. Lass eine oder mehrere Salatpflanzen blühen und ausreifen. Dies passiert meist in den warmen Sommermonaten, wenn die Tage länger werden.
2. Sobald die Blüten zu Samenständen geworden sind und diese trocken sind, kannst du die Samen ernten. Dies erfolgt am besten morgens, wenn die Samenstände noch nicht durch die Hitze des Tages geöffnet sind und Samen verstreuen.
3. Die Samen des Salats sind winzig und sollten an einem luftigen, schattigen Ort getrocknet werden, bevor du sie in einem Papierumschlag aufbewahrst.

WELCHES SAATGUT SOLLTE MAN NICHT SELBST VERMEHREN?

Nicht jedes Saatgut eignet sich zur eigenen Vermehrung, vor allem, wenn es sich um **Hybridsorten** handelt, die oft als F1-Sorten gekennzeichnet sind. F1-Hybriden sind speziell gezüchtete Sorten, die durch die Kreuzung zweier Inzuchtlinien entstehen. Diese Pflanzen sind oft leistungsfähiger, aber die Eigenschaften der ersten Generation (F1) gehen in der nächsten Generation (F2) verloren. Das bedeutet, dass die Samen dieser Pflanzen im folgenden Jahr nicht dieselben Früchte oder Gemüse hervorbringen werden. Oft sind diese Pflanzen weniger robust, tragen weniger Früchte oder zeigen unerwünschte Merkmale.

Zucchini- oder Gurkensorten können sich zudem leicht mit anderen Sorten kreuzen, was zu unerwarteten Ergebnissen führen kann, wenn du sie in der nächsten Saison aus deinen eigenen Samen ziehst. Solche Pflanzen solltest du entweder von Jahr zu Jahr neu kaufen oder sicherstellen, dass du nur samenfeste Sorten verwendest und Kreuzungen durch entsprechende Abstände verhinderst.

SAMENFESTES SAATGUT

Samenfestes Saatgut ist das Rückgrat eines nachhaltigen Gartens. Es handelt sich um Sorten, die sich über viele Generationen hinweg stabil vermehrt haben und daher zuverlässig Jahr für Jahr dieselben Pflanzen hervorbringen. Dieses Saatgut ist besonders robust, da es oft an lokale Bedingungen angepasst ist und eine hohe Widerstandsfähigkeit gegenüber Krankheiten und Schädlingen aufweist.

Viele Anbieter bieten eine große Auswahl an samenfestem Saatgut an. Solches Saatgut ist nicht nur ein Garant für stabile Ernten, sondern auch für den Erhalt der Artenvielfalt. Mit samenfestem Saatgut trägst du dazu bei, dass alte, oft vom Aussterben bedrohte Sorten erhalten bleiben. Diese Sorten sind den Hybridsorten nicht nur geschmacklich sondern auch in ihrer Anpassungsfähigkeit an verschiedene Umweltbedingungen überlegen.

SAATGUT TAUSCHEN

Eine der schönsten Seiten der eigenen Saatgutgewinnung ist, dass du dein Saatgut mit anderen tauschen kannst. In vielen Gemeinschaftsgärten, auf Märkten oder in speziellen Saatguttauschbörsen hast du die Möglichkeit, Saatgut von anderen Gärtnerinnen und Gärtnern zu erhalten und im Gegenzug dein eigenes zu teilen. Auch Instagram ist ein wunderbarer Ort, um in der Gartencommunity zu tauschen. So habe ich mir ein stattliches Sortiment von über 90 Tomatensorten aufgebaut.

Auf diese Weise erweiterst du die Vielfalt in deinem Garten ohne zusätzliche Kosten und trägst zur genetischen Diversität der Pflanzen bei. Tauschbörsen sind zudem eine wunderbare Gelegenheit, in Kontakt mit anderen Gärtnerinnen und Gärtnern zu kommen, Erfahrungen auszutauschen und vielleicht die ein oder andere neue Sorte kennenzulernen, die du vorher noch nicht in deinem Garten hattest.

→ Saatgut selbst zu gewinnen, ist ein Schritt in Richtung mehr Unabhängigkeit und Nachhaltigkeit in deinem Garten. Es macht Freude zu wissen, dass die Pflanzen, die du pflegst, aus Samen stammen, die du selbst gesammelt hast. Dabei lernst du nicht nur viel über die Pflanzen selbst, sondern auch darüber, wie eng die Kreisläufe der Natur miteinander verwoben sind. Ob du nun Tomaten, Bohnen, Erbsen, Salate oder andere Pflanzen in deinem Garten anbaust – mit der eigenen Saatgutgewinnung legst du den Grundstein für eine erfolgreiche und vielfältige Gartensaison im nächsten Jahr. Außerdem sparst du viel Geld. Und wer weiß, vielleicht entdeckst du dabei deine nächste Lieblingssorte!

DEIN GARTEN, DEIN ABENTEUER

Während ich dieses Buch geschrieben habe, wurde mir noch klarer, wie sehr der Garten für mich zu einem Ort des Lernens und der Heilung geworden ist. Es war nicht immer so – als Kind habe ich es gehasst, im Garten zu helfen. Aber irgendwann hat sich das verändert. Der Garten hat mir gezeigt, was Geduld wirklich bedeutet, und wie wertvoll es ist, Fehler zu machen und aus ihnen zu lernen. Der Boden unter den Fingern, die frische Luft und das stetige Wachsen der Pflanzen halfen mir, aus einer schwierigen Phase herauszufinden. Er wurde mein Rückzugsort, mein Platz, um den Alltag loszulassen und einfach im Moment zu sein. Ich bin dankbar für alle Höhen und Tiefen, jedes Scheitern, jede Enttäuschung, weil ich durch sie jedes Mal über mich hinauswachsen konnte.

Mit diesem Buch möchte ich dir genau dieses Gefühl näherbringen. Gartenarbeit ist nicht nur eine Möglichkeit, dein eigenes Gemüse anzubauen, sondern auch ein Abenteuer. Es ist ein Prozess, bei dem du nicht nur Pflanzen zum Wachsen bringst, sondern auch dich selbst. Du wirst lernen, geduldiger zu sein, mehr Freude an den kleinen Dingen zu haben und den Kreislauf der Natur zu schätzen. Es geht nicht darum, perfekt zu sein. Es geht darum, zu pflanzen, zu ernten, und, ja, auch mal Fehler zu machen. Denn aus diesen Fehlern entsteht Wachstum – nicht nur in deinem Garten, sondern auch in dir.

Ein besonderer Fokus dieses Buches liegt auf der intensiven Bepflanzung, einer Methode, die ich selbst lebe und die ich in die Welt hinausschreien möchte. Es ist eine wundervolle Möglichkeit, aus einem Beet – in puncto Schönheit und Ertrag – das Maximum herauszuholen. Diese Methode gibt dir die Chance, auf kleinstem Raum ein wahres Gartenparadies zu schaffen. Und das Beste daran? Du musst nicht perfekt gärtnern können, um damit zu beginnen. Die Natur verzeiht viel, und dein Garten wird sich immer weiterentwickeln, genau wie du.

Ich hoffe, dass dieses Buch dir das nötige Wissen und vor allem den Mut gegeben hat, deinen eigenen Garten anzulegen oder deinen vielleicht schon bestehenden Garten neu zu gestalten. Du brauchst keine Angst zu haben, dass etwas nicht funktioniert. Starte einfach. Säe die ersten Samen, baue dein erstes Hochbeet oder setze auf die intensive Bepflanzung und lasse dich von den Ergebnissen überraschen. Du bist schon jetzt ein Gärtner oder eine Gärtnerin und dein Garten ist dein eigener, ganz besonderer Rückzugsort.

Nimm dir die Freiheit, Neues auszuprobieren. Mache es auf deine Art. Es gibt keinen festen Plan, dem du folgen musst – es gibt nur deinen Garten und dich. Lass dich nicht entmutigen, wenn nicht alles sofort klappt. So wie die Pflanzen Zeit brauchen, um zu wachsen und Früchte zu tragen, so wirst auch du wachsen und immer mehr über deinen Garten und dich selbst lernen.

Am Ende des Tages geht es nicht nur darum, woher dein Essen kommt, sondern auch darum, wie du dich auf diesem Weg fühlst. Es geht um die Freude, die du empfindest, wenn die ersten Tomaten reifen oder die Sonnenblumen ihre Köpfe zur Sonne drehen. Es geht darum, dich verbunden zu fühlen – mit der Erde, den Jahreszeiten, und letztendlich mit dir selbst.

Also schnapp dir deine Gartenhandschuhe, hol deine Werkzeuge heraus und starte. Du wirst nicht alles auf einmal schaffen, aber das ist auch gar nicht nötig. Dein Garten ist ein Ort des stetigen Wandels, und du bist Teil dieses Prozesses. Fehler sind kein Hindernis – sie sind nur der Anfang von etwas Neuem.

Ich danke dir, dass du dieses Buch gelesen hast. Ich hoffe, es hat dich inspiriert und dir das nötige Vertrauen gegeben, deinen Gartenabenteuern entgegenzugehen. Es ist Zeit, in die Erde zu greifen, zu pflanzen und die Freude am Wachsen zu erleben. Mach deinen Garten zu deinem ganz persönlichen Ort der Freude, des Rückzugs, des Lernens und des Wachstums. Denn das ist es, was einen Garten wirklich ausmacht: Er verändert nicht nur die Erde, sondern auch uns.

Deine Saskia

REGISTER

ÜBER DIE AUTORIN

Saskia Voigt, aufgewachsen auf einem 6.500 Quadratmeter großen Grundstück, bewirtschaftet heute mit ihrer Familie einen Garten, der 23 Hochbeete, eine Freilandfläche und eine Streuobstwiese umfasst. Als Kind konnte sie die Gartenarbeit nicht ausstehen, doch heute ist der Garten ihre persönliche Ruheoase, in der sie täglich Geduld lernt und das Loslassen übt. Diese tiefe Verbindung zur Natur half ihr nicht nur dabei, den Alltag hinter sich zu lassen, sondern auch eine neue Leidenschaft zu entwickeln – die des intensiven Bepflanzens.

In ihrem ersten Buch teilt Saskia ihr gebündeltes Wissen aus vielen Jahren Gartenarbeit. Dabei steht vor allem die Methode des intensiven Bepflanzens im Mittelpunkt, eine Technik, die es ermöglicht, auf kleinem Raum üppige, produktive Beete anzulegen. Diese Methode möchte sie in die Welt hinaustragen, um noch mehr Menschen die Möglichkeit zu geben, selbst auf wenig Fläche reichlich zu ernten und gleichzeitig ein wunderschönes Beet zu gestalten. In ihrem Garten wird aus jeder Fläche das Beste herausgeholt, ohne die Freude daran zu verlieren.

Mit einem Mix aus praktischen Tipps, persönlichen Erfahrungen und fertigen Beetplänen zeigt sie, wie jeder, unabhängig von der Größe des Gartens, selbst anbauen und ernten kann. Besonders wichtig ist ihr dabei, die Freude am Ausprobieren und Lernen zu vermitteln. Fehler dürfen gemacht werden – sie gehören dazu. Genau so hat Saskia es selbst erlebt: Durch den eigenen Garten lernte sie nicht nur Geduld und Hingabe, sondern auch, dass es immer einen Weg gibt, aus jeder Pflanze das Beste herauszuholen. In ihrem Buch gibt sie diese Erfahrungen weiter, um andere zu ermutigen, einfach anzufangen und über sich hinauszuwachsen. Unter dem Namen „ellis_landliebe“ teilt Saskia täglich Tipps und Tricks mit ihrer großen Community. In ihrem ersten Buch bündelt sie dieses Wissen.

DANKSAGUNG

Mein tiefster Dank gilt René, meinem Ehemann, meinem besten Freund und meinem Partner in Crime. Du bist nicht nur an meiner Seite, wenn es darum geht, meine Gartenträume zu verwirklichen, sondern du glaubst auch an mich, selbst wenn ich es manchmal nicht tue. Deine Unterstützung gibt mir die Kraft, meine Ideen in die Tat umzusetzen. Mit dir an meiner Seite fühle ich mich ermutigt, Neues auszuprobieren und immer wieder über meine Grenzen hinauszuwachsen. Wir sind, was wir zusammen sind – ein unschlagbares Team, das sich gegenseitig ergänzt und inspiriert.

Ein Dankeschön aus tiefstem Herzen geht an meine beiden wunderbaren Töchter. Ihr bringt so viel Freude und Licht in mein Leben und inspiriert mich jeden Tag, die Welt mit eurer kindlichen Neugier und Unbeschwertheit zu betrachten. Euer Lachen und eure Fragen zeigen mir, wie wichtig es ist, die kleinen Dinge zu schätzen und die Freude am Gärtnern und am Leben selbst zu entdecken. Durch euch habe ich gelernt, die Dinge aus einer anderen Perspektive zu sehen und nicht nur erwachsen zu sein. Wenn ihr dieses Buch irgendwann einmal lest, will ich, dass ihr wisst, dass alles, was ich erschaffen habe, für euch ist.

An meine lieben Eltern: Ihr habt mir nicht nur die ersten gärtnerischen Handgriffe beigebracht, sondern mir auch immer den Rücken freigehalten, damit ich meinen eigenen Weg gehen kann. Ihr seid immer für mich da und helft mir oft, ohne großes Aufheben darum zu machen – einfach, weil es für euch selbstverständlich ist. Eure Unterstützung bedeutet mir mehr, als ich sagen kann. Ihr seid die Wurzeln, auf die ich immer zählen kann. Danke für alles!

Nicht zuletzt gilt mein Dank meinem Funkenmenschen, Fine. Du siehst mich so, wie ich bin, und machst mich zu einem besseren Menschen. Deine Liebe und Unterstützung bereichern mein Leben auf unbeschreibliche Weise.

Dank euch allen wird dieses Buch zu einem Herzensprojekt voller Leidenschaft, Liebe und Freude, und ich hoffe, dass es auch andere dazu inspiriert, die Schönheit des Gärtnerns zu entdecken.

Ein herzliches Dankeschön geht auch an meine wundervolle Community. Ohne euch hätte ich niemals die Gelegenheit gehabt, meinen Traum vom eigenen Buch zu verwirklichen. Euer Vertrauen, eure Unterstützung und eure Motivation bedeuten mir viel und sind nicht selbstverständlich. Ihr inspiriert mich täglich, und ich bin dankbar für jeden einzelnen von euch, der mich auf dieser Reise begleitet.

Ich möchte mich von Herzen beim EMF Verlag bedanken, der mir die Möglichkeit gegeben hat, mein ganzes Wissen und meine Leidenschaft in dieses Buch zu packen. Mein besonderer Dank gilt Saskia Hauck, die mich mit so viel Geduld durch den gesamten Prozess begleitet hat – als Lektorin und als Ansprechpartnerin. Für mein erstes Buch musste ich vieles neu lernen, und Saskia war stets an meiner Seite. Ein ebenso großes Dankeschön geht an Suparada Ströbel, deren kreatives Layout meine Texte zum Leben erweckt und dem Buch seinen besonderen Charakter verleiht.